Bonding and Cross-Linking

芝浦工業大学 名誉教授
本橋 健司

前書き

本書は第1章に記述したように、2018年3月に芝浦工業大学で行った最終講義の内容をまとめたものである。最終講義の内容は、雑誌「リフォーム」の2020年10月から2022年7月号に連載された。この連載を、第1章から第22章として、一冊にしたものである。

図表は、最終講義で使用した151枚のパワーポイントの一部を流用している。見にくい図表があることを、ご容赦いただきたい。見にくい図表については出典を明記している。内容に興味を持っていただき、原著論文を参照していただけるなら幸甚である。また、著作権や版権等を考慮して、一部の図表については、新しく書き起こした。

「Bonding and Cross-Linking」という表題は、最終講義の4ヵ月前に決定した。最終講義のポスターや案内等を準備する上で、早く決定して欲しいという要求があったからである。講義内容はその時点まで曖昧であったが、表題を決定したことにより、講義の方向性が固まった。

講義の内容は自分で決めたものであり、自分が伝えたい内容である。読者が最終講義として期待した内容とは一致しないかもしれない。また、独りよがりな部分も多いと思う。これらの点については、最終講義ということで、ご容赦願いたいと思っている。講義の中で、もしも、読者に共感してもらえる部分があるなら、筆者にとって非常にうれしいことである。

本橋　健司

目次

第1章

本シリーズを始めるにあたって

大学を定年退職して２年５ヶ月が経過した。最終講義「Bonding and Cross-Linking」は2018年３月10日に芝浦工業大学で行われた。参加いただいた方々に、改めて、感謝します。また、準備に協力いただいた先生方、研究室ＯＢの皆さんに感謝します。本当にありがとうございました。

最終講義の後には会場を変えて「お祝い会」を開催していただいた。その時に配布したリーフレットに「お礼の言葉」を載せていただいたが、その最後に以下のような記述がある。

追伸（お詫び）

お祝い会の事務局の何人かから、「この機会に本は作らないのか？」、「今までの研究の総括はないのか？」、「外壁改修技術についてまとめたらどうか？」、「昔のDr. Materialシリーズをまとめてはどうか？」等々いろいろ御示唆、ご提案を頂きました。真摯に検討したのですが、実は、退職までいくつかの事情があり多忙を極めるため、そのような時間がとれないと判断し、中止しました。最終講義のプレゼン準備だけで手一杯でした。本当にすいません。

機会を改めて挑戦しようと思っているのですが、尊敬する先生曰く、「あとで時間ができたら挑戦しようと思っていても、実際に暇になるとその気が失せることが多い。」（「いつやるか。今でしょ。」と同義語）と言われて、そうかもしれないと納得しています。最終講義の準備の傍ら、自分の「集大成」や「総集編」について考えてみましたが、まだ考えがまとまりません。強いて言えば、会場に来ていただいている皆さんが私にとっての「集大成」、「総集編」なのかなと思っています。

今の段階で「集大成」を出版物にして皆さんのお手元に配付することはできませんでした。なにとぞ、ご容赦ください。

追伸に述べたとおりであるが、２年以上経過して最終講義を振り返ってみようかという気持ちになった。コロナ自粛の結果でもある。実は、コロナ自粛中に家でＰＣに向かっていたら、予定していた原稿書きをすべて終了した。２日間は解放感に浸った。幸福であった。しかし、その後は退屈であり、書くべき原稿の無いことは寂しく感じられた。人間は何か仕事がないと健康を保持できない。このままでは「小人閑居して不善をなす」となりかねない。そう考えている中で、前述の追伸を思い出したのである。実は、最終講義の直後にテツアドー出版から内容を本にしてほしいと言われた。当時は無理なのでお断りした。いまになって、雑誌「リフォーム」の一隅をお借りしてこのシリーズを始めようというわけである。虫のいい話であるが、どうかご容赦願いたい。

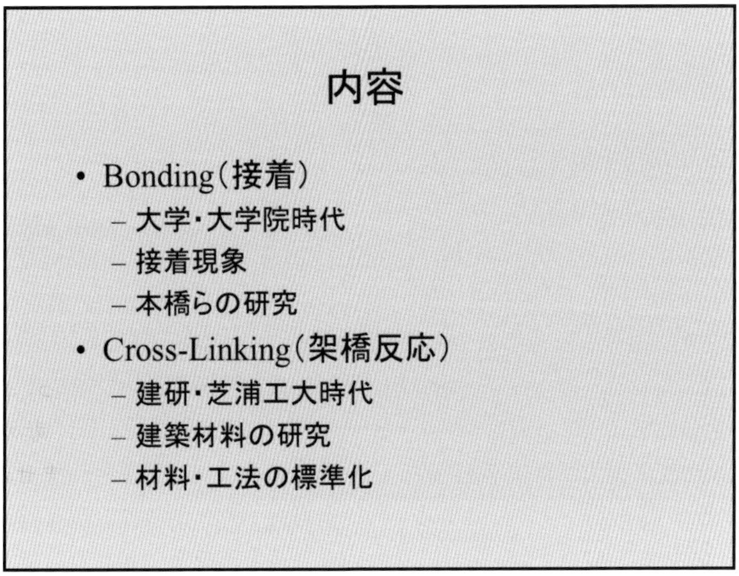

内容

- Bonding（接着）
  - 大学・大学院時代
  - 接着現象
  - 本橋らの研究
- Cross-Linking（架橋反応）
  - 建研・芝浦工大時代
  - 建築材料の研究
  - 材料・工法の標準化

図1-1　最終講義「Bonding and Cross-Linking」スライド2/151

最終講義「Bonding and Cross-Linking」は2時間であったが、実質的な講義時間は、挨拶や花束贈呈等があり、授業と同じ100分程度であった。パワーポイント151枚を使っている。内容は前半のBonding（接着）の部分が半分以上である。この内容は私が建築研究所に入所する以前の接着に関する研究内容であり、建築研究所に入ってからは、その研究内容に ついては殆ど発表していない。建築分野の関係者にはあまり知られていないと思う。皆に知られた内容ばかりの最終講義ではまずいと考えて選択した。

後半のCross-Linking（架橋）は建築研究所に入所後の研究内容であり、聴講者の中には関係者がかなり含まれていたと思う。Cross-Linking Reaction（架橋反応）とは高分子と高分子との間に橋を架けるように結合させ、3次元高分子を生成する反応である。例えば、エポキシ樹脂やウレタン樹脂は架橋反応により硬化する。建築研究所に入所してからの研究をCross-Linkingと題したのは、「材料製造業者と材料使用者の間を橋架けする（Cross-Linking）ような研究」と位置付けたからである。

さて、最終講義はいくつかのパターンに分けられると思う。一つは、自身の今までの研究論文や学術的成果をレビューするものである。もう一つは、自分の半生を社会、組織、人とのつながり等を通じて総括するものである。私の尊敬するM先生は、最終講義をそれぞれのパターンで計2回実施している。前者のパターンは学内の先生や学生に向けたものであり、後者のパターンは共同研究や委員会活動で関係した学外の企業・団体の関係者や学協会活動での関係者向けに実施されたものである。感服する次第である。

私は無理なので、計画時にお願いして、学内外の関係者を対象とし、1回の最終講義で済ませた。そこで、最終講義をどのパターンで行うかが問題となる。私としてはBondingには研究論文のレビューを織り交ぜて、後者のCross-Linkingには社会とのつながりや社会的意義を織り交ぜたつもりである。いずれにしろ、難解な話をする意思は全くない。一風変わったコラム欄だと思って読んでもらえれば幸甚である。

第2章
足して2で割る

この内容は、最終講義の最後の部分で話したものである。しかし、今の私の心境に近いので、第2章のテーマに移動した。

私は、現在、芝浦工業大学名誉教授であり、(一社) 建築研究振興協会会長である。このような立場を与えて頂いたことに心から感謝しており、微力ながら、立場に応じた社会貢献をしたいと考えている。そして、一方では、できることなら、自分の能力を発揮して新しい材料・技術を開発するような研究を続けたいという気持ちが未だ残っている。(周囲は迷惑であろうし、止めてほしいと思っている場合も多いとは思うのだけれど。) このように前向きな気持ちを持続するのは、良いことであると思っている。「研究はやめられない。」というのは率直な気持ちである。しかし、これが問題になる場合がある。

ある時、表題のような発言をした。建築研究所から芝浦工業大学に移ってからである。建築研究所での最後の役職は研究グループ長であった。研究グループ長というのは管理職 (私の場合、ほとんど管理をしてないという評価であったが) であるから、研究プロジェクトを直接担当して実験に明け暮れるなどというわけにはいかない。大学に移動したら研究できる筈であったが、研究に専念できたわけではない。大学では研究と教育を行う必要がある。そして、教育の比重は大きいのである。会議も多い。研究だけに没頭するということは困難であった。

一方、建築研究所の研究グループ長や大学教授の年齢になると、例えば、JISの原案作成委員会、建築学会標準工事仕様書の委員会、国土交通省の監理指針委員会等の取りまとめ役を依頼される機会が増えてきた。光栄であり、ありがたいことである。しかし、委員長や主査になると、全体の意見を取りまとめて方向づけを行う必要がある。委員で参加している時代は、自分の意見を主張し、議論を行い、自分の主張を認めてもらえるように努力すればよかった。大変であるが、精神的にストレスを感じることはない。しかし、委員会で意見を集約するためには、合意を得るためには、好き勝手な意見ばかり言ってはいられない。精神的にも負担がある。

そのような時期に、尊敬するK先生に「先生、私は最近、研究能力が衰えています。新しい発想やヒラメキが全く浮かびません。当たり前のことしか考えられなくなりました。だからでしょうか。委員長の役まわりとか調整役が多くなりました。時たま対立があると、足して2で割るようなことをしています。研究者として、情けないことです。」というような内容の話をした。私は、怒られると覚悟していたのだが、K先生の答えは次のようであった。「お前も、ついに、その境地に達したか。いいかい、人間は、取りまとめを誰かに依頼する時、0か100の人は選ばない。一か八かの勝負

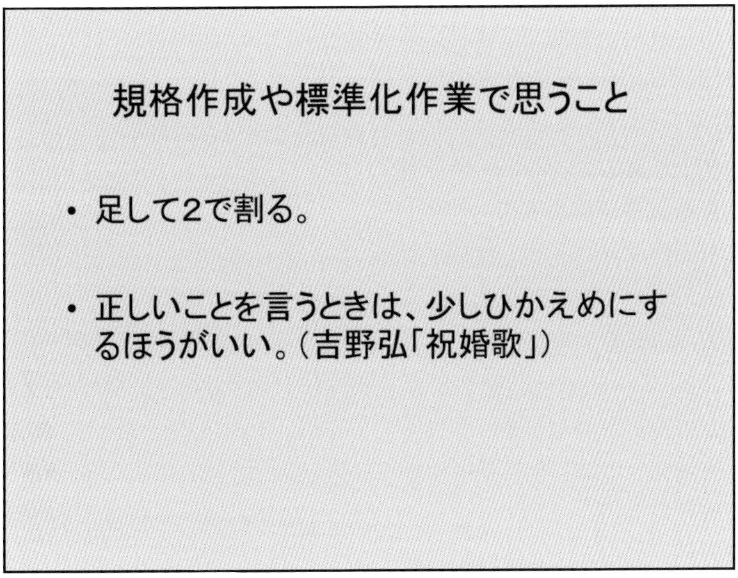

規格作成や標準化作業で思うこと

- 足して2で割る。
- 正しいことを言うときは、少しひかえめにするほうがいい。（吉野弘「祝婚歌」）

図2-1　最終講義「Bonding and Cross-Linking」スライド148/151

はしないのだ。足して２で割る人なら、自分たちの意見は50％通ることになる。委員長にはそういう人が選ばれることが多いのだ。」この回答を聞いて、何となく納得したというか、ホッとした気分になった。

例えば、数学、物理、化学の世界では「足して２で割る」なんてありえないと思う。黒か白かである。私は、本書に述べるように化学的な領域でBondingの研究を実施した。研究の中で「足して２で割る」ことはあり得ない。ある事象に対して実験を行い、結果を考察して仮説を主張するのが研究である。もちろん、別の仮説が主張されることもあるが、自分の仮説が正しいということを論証するために更なる実験を行い、証拠を集め、自分の仮説を補強することになる。もちろん、自分の仮説が間違っていることもある。その場合は、反証実験を自分で追試して確認し、自分の仮説が間違っていることを納得できる。それが科学である。

しかし、建築材料・工法の研究となるとそう単純ではない。建築材料も工法も理論が先行して開発されたものは少ないし、関連する分野も広範である。経験や現場での工夫等に基づく技術がほとんどである。建築材料の基準や施工法の標準仕様等などを科学的合理性だけに基づいて決定できるほどには、技術資料が蓄積されていない。そう考えると（「足して２で割る」とは少し違うけれど）工学的あるいは技術的な大局に基づき、異なる意見を（白黒をつけるというより）調整して規格作成をし、標準仕様を定める仕事は重要であると思う。また、「甲斐のある仕事」だと思う。最近は、そのように納得して仕事をしている。

もう一つ、規格作成や標準化作業をする中で、心している言葉として「正しいことを言うときは、少しひかえめにするほうがいい」（吉野弘「祝婚歌」より）がある。これもK先生から教えてもらった。私たちが（K先生もそうだったと書いているので複数形にした）議論をする場合、論拠を整えて、間違いのない論理を展開し、正しい結論（できれば新規性に富んでいるとよい）を研究者仲間等に示すことが、研究者の大きな喜びであり、研究の駆動力である。しかし、「祝婚歌」では「正しいことを言うときは相手を傷つけやすいものだと気づいているほうがいい」と諭している。是非、「祝婚歌」の全文をお読みいただきたい（検索エンジンで探せる）。この注意は、委員長や取りまとめ役にとって特に重要だと考える。標準化作業、規格化作業等において委員長や取りまとめ役の発言は重要であり、控えめに発言しなかったために悪い影響を及ぼすケースもある。この言葉に反省する人は少なくないと思う。

そして、今は次のような心境にある。「足して２で割る」および「正しいことを控えめに言う」は、上述したように、深く考えさせられる言葉である。これらの言葉を思い浮かべて、（陳腐であるが）適切な方法で取りまとめ役を行いたいと考えている。でも、その裏には、研究者としての見識が必要であると思っている。考えなしで「足して２で割る」のは、やはりダメである。

私の最終講義を聴講した卒論生の一人が私のところに来て、次のように感想を述べた。「先生、面白かったです。中身はよくわからなかったけど。“足して２で割る”の箇所はよくわかりました。」私はその学生に次のように回答した。「君は、自分の考えをしっかり形成して、それを主張することが先だ。“足して２で割る”のは、まだ30年早い。」

第3章
木材接着の研究へ

今回から、私が卒論および大学院で実施した木材接着の研究について紹介する。その前に、どのような経緯で木材接着の研究に進むことになったのか概略を説明しておきたい。詳細に説明すると私小説になりかねない。それは、本書の目的ではないので避けておく。

私は東大入学後、留年もせずに、農学部林産学科に進学し、4年生の時、卒論のため「高分子材料化学研究室」を志望した。始めは、大学院への進学なんて考えていなかった。商社に就職しようと考えていた。当時、商社マンは人気があった。就職に関しても学部・学科等は不問なので志望者も多かった。先輩に話を聞くと、「給料は悪くない。海外にも行ける。忙しい。」ということだった。白状すると、4年生まで大学の授業に興味を持てなかった。つまらなかった。麻雀や飲み会に精勤していた。でも、留年は困るので、要領よく授業には出席していた。一言でいうなら、平均的な大学生だった。当時は、「早く卒業して、商社マンになって金稼ぐぞ」という感じだった。

私が4年生になった当時(1975年)は、「木質材料研究室」に明治大学建築学科から移ってきた杉山英男教授が在籍し、木質構造に関する活発な研究を行っていた。建築研究所では林産学科の先輩である今泉勝吉先生が2×4工法のオープン化に向けて建設省総合技術開発プロジェクト「小規模住宅新施工法の開発」を推進していた。このような理由から、同級生には「木質材料研究室」の卒論を希望する学生が多かった。私も多少の興味はあったが、定員オーバーしている研究室を希望するつもりはなかった。

名誉のために記述しておくが、決して成績が悪かったからではない。私は、杉山先生の講義に毎回出席しており、モールの応力円、断面の性質、梁の曲げ、せん断、短柱・長柱の応力度等を勉強していた。後に芝浦工業大学の建築工学科で教鞭をとったが、専門である建築材料に加えて、材料力学の講義も担当することになった。何かの巡り合わせであろう。

私はどちらかと言えば「化学」に興味があった。「木質材料研究室」の研究内容には「学問らしさ」や「知の蓄積」をあまり感じなかった。(すいません。)木質パネルを製作して、せん断試験を行って、壁倍率を求めるのを見ていても、「だからどうだって言うの。単に試験体を破壊して、強いか弱いかを評価しているだけじゃん。」程度にしか思っていなかった。(本当にすいません。)

林産学科で化学のつく研究室は「木材化学研究室」、「森林化学研究室」、「高分子材料化学研究室」の3つがあり、「木材化学研究室」は木材の主成分であるリグニン、セルロース、ヘミセルロースの研究、「森林化学研究室」はフラボノイド、タンニン、テルペン類等の木材抽出成分の研究、「高分子材料化学研究室」はユリア樹脂、メラミン樹脂、フェノール樹脂等の木材用接着剤の研究を行っていた。何故「高分子材料化学研究室」を選択したかということであるが、接着という現象に興味があったことも理由の一つである。「木材化学研究室」と「森林化学研究室」は、木材や樹木に関する化学、生化学が研究対象であり、林産学科の化学系講座の中では主流である。研究室の実績も十分にあり、指導する先輩（大学院生）も充実していた。一方、「高分子材料化学研究室」は木材を木質複合材料として利用するために必須である接着剤が研究対象であり、他の化学系研究室とは異なって、工学部的な雰囲気があった。また、研究室名に「木材」という名称が入っていない点も気に入った。

「高分子材料化学研究室」の卒論希望者は私だけであった。研究室には助教授（現在の准教授）1名、助手（現在の助教）3名、技官1名が在籍していた。教授は前年に定年退職し、空席となっていた。私は、富田文一郎先生の提案した卒論テーマ「ポリ酢酸ビニルエマルジョンの木材に対する接着性能」を選択した。富田先生には、大学院時代を含めて6年間、大変お世話になった。

「高分子材料化学研究室」に大学院生は在籍していなかった。（在籍していた大学院生が私と入れ違いで、Kペイントに就職した。）研究室に配属されると、研究室のゼミに出席する必要がある。ゼミでは自分の研究内容、関連する論文のレビュー等を発表し、討論する。学生だけでなく、先生方も順番で発表する。私は、先ず、自分の研究に関連している既往の論文を読んでその内容について発表した。また、自分の実験計画を発表して意見をもらった。卒論生1名であり、大学院生もいないため、ゼミの順番はすぐに回ってくる。大変であったが勉強になった。

経験した人には分かるのだが、ゼミで発表や質問に答えていると、「自分がどの程度分かっているのか。どの程度の知識を有しているか。」を先生に見透かされる。ごまかすことは不可能である。今でこそ一人前の研究者面をしている私であるが、当時の先生方は、ゼミに参加した私が如何に無知でダメな学生であったかを知っているのである。今でも冷や汗が出る。

回数を重ねるとゼミは楽しくなってきた。今までは教室で講義を聴講し、学生実験でも決められた実験をするだけであった。ゼミでは先生同士でも討論をし、私の発表にも質問してくれる。知識量の足りない私の質問にも答えてくれる。解答を教えてくれるとは限らない。解答へのたどり着き方を教えてくれるのである。研究者である先生方と一緒にゼミに参加できていることが非常にうれしかった。ゼミ終了後の飲み会も楽しかった。

実験も開始した。参考文献を参考にして種々のポリ酢酸ビニルエマルジョンを合成した。最初は失敗も多かった。周囲には多くの先生がいて、ハラハラしながらだと思うが、私を指導してくれた。

卒論生の一日は次のようである。朝（と言っても昼近い）大学に来たら、先ず研究室に顔を出す。顔を出した後、授業があれば出席する。授業が終わると研究室に帰って、実験を行うか、ゼミの勉強をするかである。そして、夕方、下宿に帰る。このような生活をしている中で、卒論研究が好きになってきた。今まで勉強嫌いだった学生が、少しは目覚めてきた。商社マンもいいけど、研究者もいいかもしれないと考えるようになった。先生に「大学院の入試を受けてみたい。」と相談したら、「大学院は行った方がいい。失敗しないように受験勉強しろ。実験は少し遅れてもいい。」ということであった。それまでは「実験をサボるな。」と叱られていたのだが。

今になって考えると、研究室の先生方の戦略だったかもしれないが、私は正しい決断だったと思っている。後悔はない。それ以降、博士課程を修了するまで、研究者になるための修行をすることになった。先生方は、皆、(教育者でもあるが)研究者であるから、元気づけてくれる。以下のような言葉を聞いたと記憶している。

「研究は楽しい。一生をかけても悔いのない仕事だと思う。」

「研究者の給料はあまりよくないかもしれない。でも、私たちを見ろ。十分に生活していける。しかし、金儲けを目指すなら研究者はやめたほうがいい。問題は、どのような人生を送りたいかだ。」

「研究者として認めてもらうには博士号を取得する必要がある。修士課程を出てから論文博士を狙ってもいいが、時間がかかる。博士課程まで進めば最短で博士号が取れる。それが一番いい。」

「企業では人間関係が大切だ。出世するのも大変だ。しかし、研究者はゴマをすらなくていい。自分の能力で生きていける。真面目に研究して、立派な論文発表を続ければ、(性格はどうであれ)業績は認められる。」

「研究者のポストは大学や研究所ということになる。ポストの数は多くない。ポストを約束することはできない。ポスドクとして海外を渡り歩くことになるかもしれない。でも、私たちは、君が真面目に研究を続けるなら、よいポストにつけるよう努力する。」

誇張している部分もあるが、卒論と大学院時代を通じて上記のような激励(?)を受けながら、研究を続けた。下宿、研究室、家庭教師アルバイト(週2回)、下宿近くの

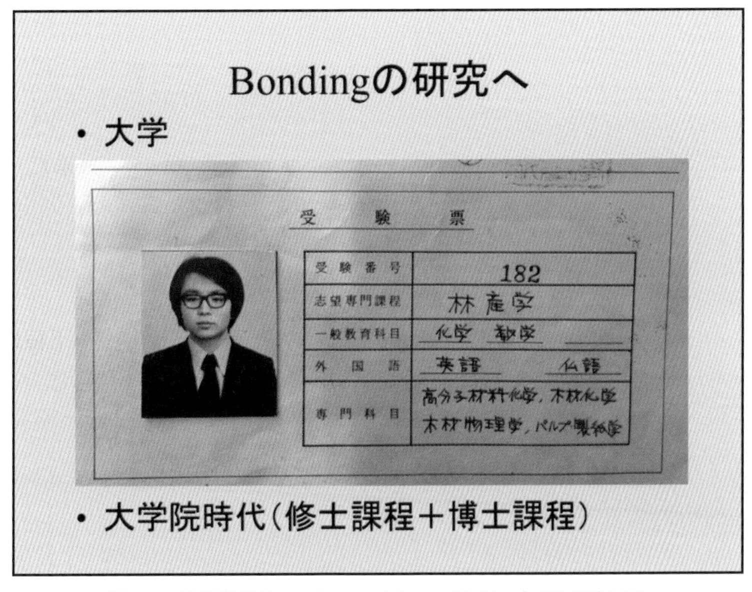

図3-1　最終講義「Bonding and Cross-Linking」スライド3/151

飲み屋が私の主たる活動範囲であった。

商社への就職は断念し、大学院を受験するための書類を提出した。**図3-1**に受験票を示す。今でも受験票を保管している。私の人生を決定づけた受験票である。貼りつけた写真は、写真館で撮影してもらったものである。インスタント写真ではない。この写真を撮影した時、「大学院に進学して研究者になる。」と決意していた。

芝浦工業大学時代に、卒論学生に、上述したような私の卒論や大学院時代の話をした。しかし、学生にはピンとこなかったようである。学生は、経歴等については知りたがるのだが、研究者にあこがれて大学院に進学したという部分にはあまり反応を示さなかった。伝え方が悪いのかもしれないが、残念である。読者には少しでもわかっていただけたら嬉しいのだが。

第4章
接着理論

ポリ酢酸ビニルエマルジョンの接着性能について話を始める前に、接着理論について述べておきたい。接着理論は数多く提案されており、**図4-1**に代表的なものを示す。「接着の研究をしていました。」と言うと、接着理論について尋ねられることが多い。接着理論を幅広く扱っている講義というのは少ない。接着理論の全体を理解している人は多くないと考える。

最初に学習する接着理論は、接着が界面化学に支配されるという考え方である。表面の濡れ性、固－液界面の接触角、化学的親和性等と接着性に関する解説は多く存在する。有名な論文の一つが**図4-2**である。接着分野では「似たもの同士はよく接着する」と言っている。溶質に対する溶媒を選択するための原則である「似たもの同士はよく溶ける "Like dissolves like"」をまねた言葉である。**図4-2**では、PETフィルム（ペット（PET）ボトルに使われているプラスチック）を多種類の接着剤（**図4-2**グラフの1番から16番まで）を使用して貼り

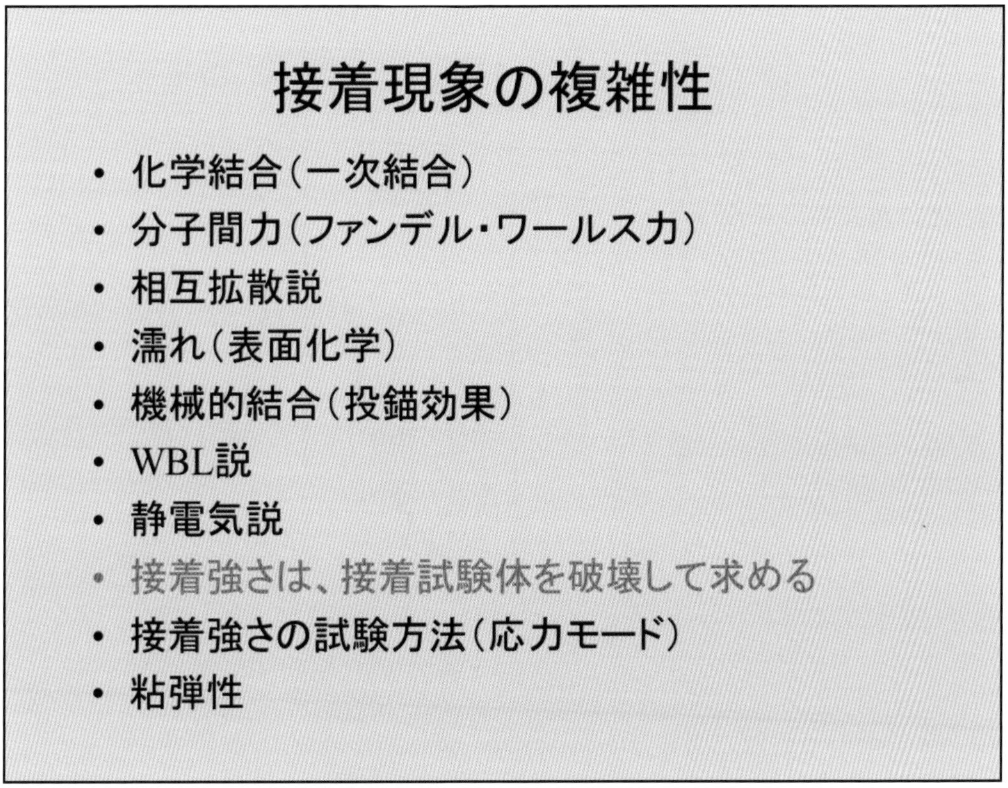

接着現象の複雑性

- 化学結合（一次結合）
- 分子間力（ファンデル・ワールス力）
- 相互拡散説
- 濡れ（表面化学）
- 機械的結合（投錨効果）
- WBL説
- 静電気説
- 接着強さは、接着試験体を破壊して求める
- 接着強さの試験方法（応力モード）
- 粘弾性

図4-1　最終講義「Bonding and Cross-Linking」スライド13/151

あわせた試験体を作製し、それぞれの接着剤について剥離強さを測定している。グラフの横軸は各接着剤の溶解度パラメーター（SP 値：Solubility Parameter）であり、縦軸は PET フィルムの剥離強さである。SP 値は物質の化学的親和性を表す尺度と考えていただきたい。例えば、水とガソリンは溶けあわない。SP 値が離れているからである。水の SP 値が 23.4、ガソリンの SP 値が約 7 である。

図 4-2 から明らかなように、接着剤の SP 値が PET フィルムの SP 値（10.3）に近いほど剥離強さが高くなっている。即ち、「似たもの同士はよく接着する」ということになる。この実験のポイントの一つは、剥離強さを求めたところにある。私たちの経験から考えて、剥離試験は界面の接着性を評価するのに適した試験法である。

次に**図 4-3** を紹介したい。私たちが唱える「接着剤は硬すぎてもダメ、柔らかすぎてもダメ」説である。（わかりやすく述べただけで、このキャッチフレーズをそのまま唱えているわけではない。）界面化学支配説とは異なる。**図 4-3** のグラフは、横軸が接着強さ試験の試験温度（－150 ～150℃）、縦軸はポリ酢酸ビニルエマルジョン（2 種類）を接着剤とした場合の、木材（カバ材）クロスラップジョイントの面外引張接着強さを示している。試験体の繰返し数は n=12 であり、各試験温度について 12 個のデータをプロットしている。接着強さの温度依存性を観察すると、2 種類のエマルジョン（Emulsion A と Emulsion B）のどちらも 40℃付近で接着強さが最大となっている。

この温度はポリ酢酸ビニル樹脂のガラス転移点（Tg）に対応している。Tg より低温

「似たもの同士はよく接着する」

ポリエチレンテレフタレート(PET)／接着剤／ポリエチレンテレフタレート(PET)の剥離強さに対する接着剤SP値の影響

SP値：Solubility Parameter
（溶剤選択の目安）
（凝集エネルギー密度の平方根）

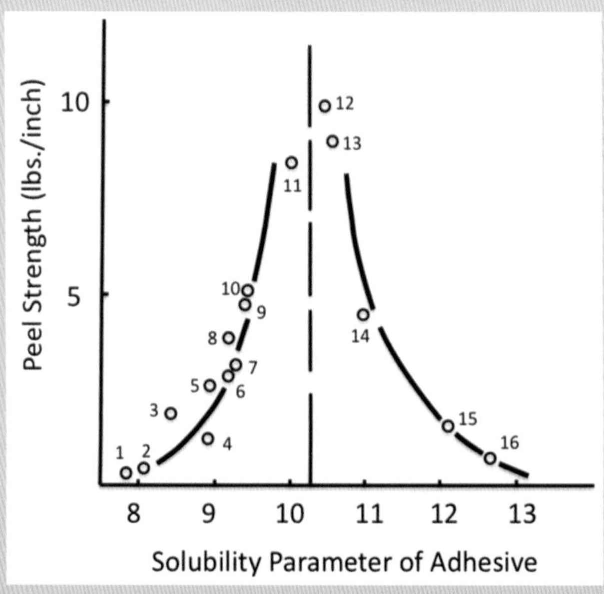

IYENGAR and D. E. ERICKSON, "Role of Adhesive-Substrate Compatibility in Adhesion", Journal of Applied Polymer Science Vol. 11, PP. 2311-2324 (1967)

図4-2　最終講義「Bonding and Cross-Linking」スライド4/151

では高分子主鎖のミクロブラウン運動が凍結しており、弾性率が高く（硬く）なっている。また、Tgより高温域では高分子主鎖のミクロブラウン運動が開始され、温度の上昇とともに運動が活発になる。即ち、柔らかくなっていく。そして、接着強さは硬すぎず、且つ、柔らかすぎないTg付近で最大となる。なお、試験体の破断モードは、Tgより低温では界面破壊が支配的であり、Tgより高温では柔軟である接着剤層の凝集破壊が支配的となる。

図4-3に続けて、**図4-4**をご覧いただきたい。使用した2種類のポリ酢酸ビニルエマルジョン接着剤（Emulsion AとEmulsion B）は**図4-3**と同一である。横軸も**図4-3**と同様に接着強さ試験の試験温度（－150～150℃）である。縦軸の接着強さを測定する試験方法だけが**図4-3**と**図4-4**で異なっている。**図4-3**ではクロスラップジョイントの面外引張接着強さを測定したが、**図4-4**では引張せん断接着強さを測定した。**図4-3**と**図4-4**を比較すると、①約40℃付近で最大の接着強さを示している、② Tgより高温域では接着剤の凝集破壊が主体となり接着強さが低下する、という2点は同じである。異なるのはTgより低温域である。**図4-3**のクロスラップジョイントの面外引張接着強さと比較して、**図4-4**の引張せん断接着強さはそれほど低下せずに、高い接着強さを保持している。また、**図4-3**の低温域では界面破壊が大部分であったが、**図4-4**の低温域では木材の凝集破壊率が高かった。我々は、この差異を投錨効果で説明した。

クロスラップジョイントの面外引張接着強さと引張せん断接着強さを測定する

「接着剤は硬すぎてもダメ、柔らかすぎてもダメ」

1. 酢ビエマルション接着剤の木材クロスラップジョイント引張り接着強さの温度依存性

2. 酢ビエマルションのガラス転移点は35℃付近でそれより低温（主に界面破壊）でも、高温（接着剤凝集破壊）でも接着強さは低い。

3. 全温度領域にわたって、酢ビエマルション接着剤Aが酢ビエマルション接着剤Bよりも接着強さが高い。→後述するエマルション構造の差異

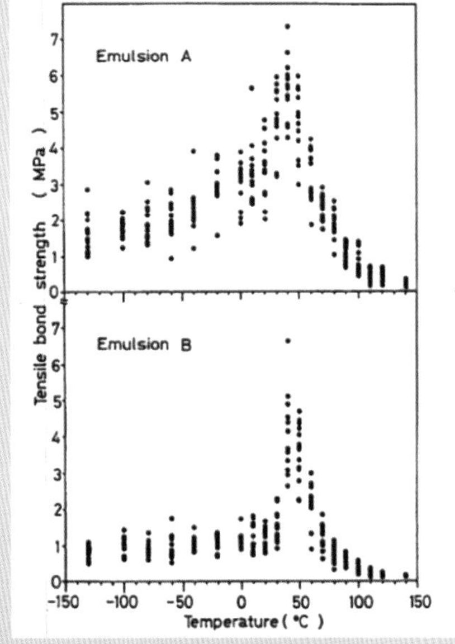

K. Motohashi, B. Tomita, H. Mizumachi and H. Sakaguchi “Temperature Dependency of Bond Strength of Polyvinyl Acetate Emulsion Adhesives for Wood”, Wood and Fiber Science Vol. 16, PP. 72-85 (1984)

図4-3　最終講義「Bonding and Cross-Linking」スライド5/151

「木材接着の投錨効果」

1. 酢ビエマルション接着剤の木材に対する引張りせん断接着強さの温度依存性

2. 酢ビエマルションのガラス転移点は35°C付近で最大、それより低温(木材凝集破壊+界面破壊)でも、木材クロスラップジョイント引張り接着強さと比較すると、高い接着強さを保持している。
高温(接着剤凝集破壊)では接着強さは低い。

3. ガラス転移点領域と高温領域では、酢ビエマルション接着剤Aが酢ビエマルション接着剤Bよりも接着強さが高い。→後述するエマルション構造の差異

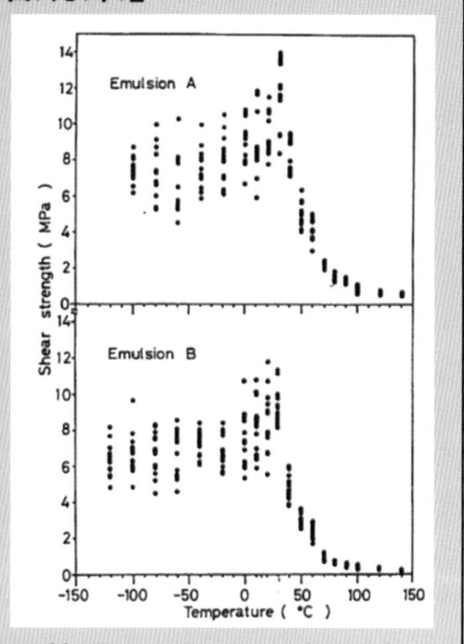

K. Motohashi, B. Tomita, H. Mizumachi and H. Sakaguchi "Temperature Dependency of Bond Strength of Polyvinyl Acetate Emulsion Adhesives for Wood", Wood and Fiber Science Vol. 16, PP. 72-85 (1984)

図4-4　最終講義「Bonding and Cross-Linking」スライド7/151

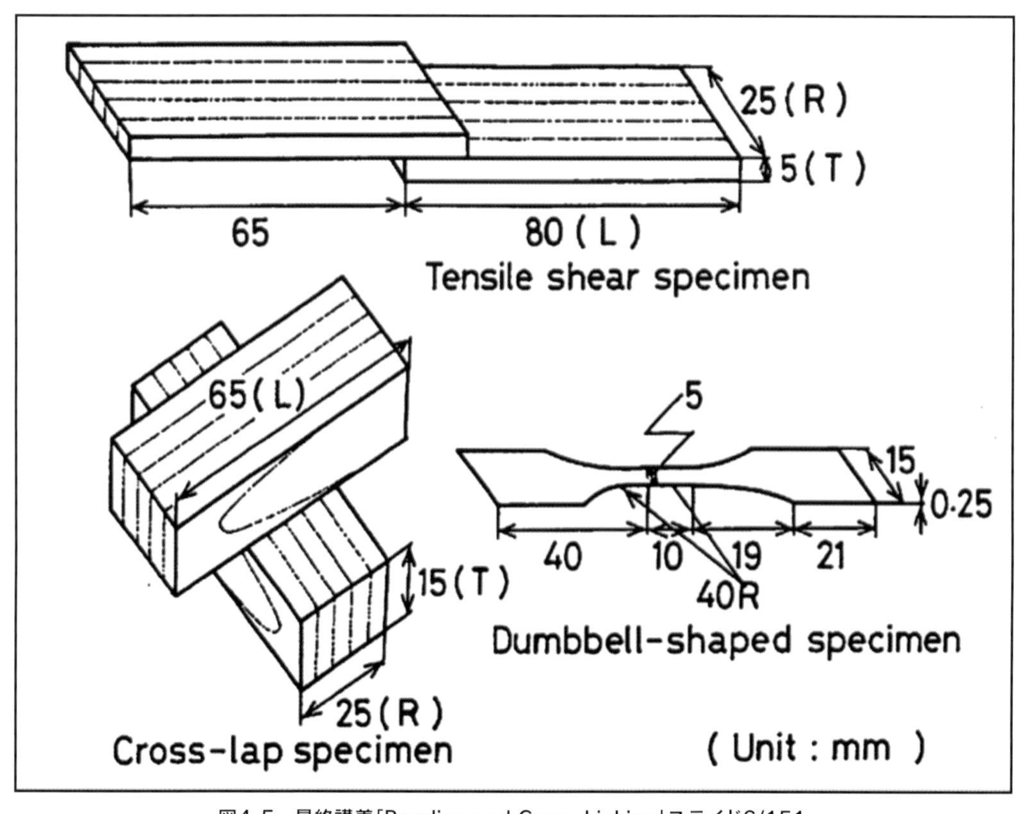

図4-5　最終講義「Bonding and Cross-Linking」スライド6/151

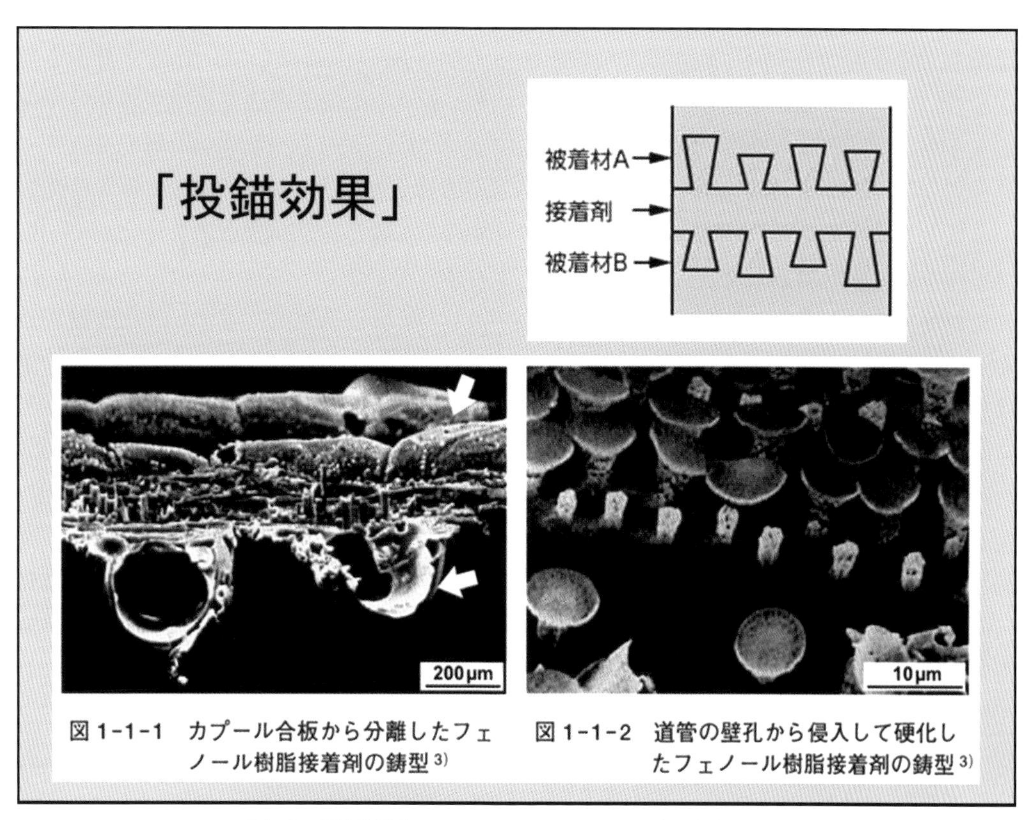

図4-6　最終講義「Bonding and Cross-Linking」スライド9/151
文献3）佐伯浩、後藤輝男、作野友康「分離した合板接着層の走査電子顕微鏡観察」、木材学会誌21(5)、p283-288、(1975)

ための試験体の形状を**図 4-5** に示す。クロスラップジョイント試験体（Cross-lap specimen）は木材の繊維軸を直交させ柾目面を接着した試験体であり、接着面に垂直に引張力を与えて試験体を破壊し、破壊強さを接着面積で除して接着強さを求める。この試験方法は、例えば、ガラス板を被着体とした場合の接着強さ試験法などに利用される。比較的、接着界面の破壊が起こりやすい接着強さ試験方法である。私の博士論文では、このクロスラップジョイント試験体を多く用いて接着強さを評価した。

一方、引張せん断試験体（Tensile shear specimen）は、**図 4-5** に示すように柾目面を繊維軸方向と平行にして接着した試験体であり、繊維軸方向に引張り力を与えて試験体をせん断破壊し、破壊強さを接着面積で除して接着強さを求める。この接着試験方法では、木材のせん断強度が比較的弱いので木材破壊率が高くなる。**図 4-4** では被着材として比較的高強度であるカバ材を使っている。**図 4-4** の低温域では木材破壊率が高かく、接着強さも高かった。一方、**図 4-3** に示したようにクロスラップジョイント試験体では低温域で界面破壊が多く、接着強さは低かった。

この理由として考えられるのが投錨効果である。**図 4-6** は木材接着での投錨効果に関連する有名な電子顕微鏡写真である。南洋材のカプール単板をフェノール樹脂で接着した合板の木材部分を溶解処理し、フェノール樹脂の接着層を電子顕微鏡観察したのが［**図 1-1-1**］と［**図 1-1-2**］である。［**図 1-1-1**］では木材の道管に含浸して硬化した接着層が観察できる。上部は木材の道管が左右に伸びているが、下半分は道管が手前から奥に伸びており道管の断面が見えている。即ち、上部と下部の道管が直交していることを理解できる。周知のように合板は単板の繊維軸方向を直交させて積層接着した材料であり、その接着層は［**図 1-1-1**］のように観察される。また、［**図 1-1-2**］では道管の中に含浸したフェノール樹脂が道管の細胞壁の孔（壁孔）を通って道管壁内にまで侵入してその先端がキノコ状に広がっている様子が観察できる。接着剤が木材に良好に含浸硬化すれば、写真のような接着層が形成され、その投錨効果により被着材同士を固定する。

図 4-3 と**図 4-4** の差異は、投錨効果の発現の差異にあるとするのが私たちの考えである。即ち、クロスラップジョイント試験体の面外引張り試験では接着層の引き抜けも想定されることから、投錨効果は大きくないと考えた。一方、引張せん断試験体では接着層の投錨部分はせん断破壊すると考えられ高い接着強さを示すと考えた。

なお、界面化学支配説の立場からは、「投錨効果」は認めるとしても、被着体に含浸した接着剤と被着体との界面における化学的親和性が「投錨効果」を発揮するために重要であるという指摘がなされている。即ち、**図 4-6** の電子顕微鏡写真のような投錨効果は認めるが、そのフェノール樹脂の鋳型表面と木材との界面の親和性が「投錨効果」を形成し、接着剤と木材実質間の接着を支配するという意見である。

接着は複雑な現象である。多くの接着理論をもってしても「群盲が象を撫でる」ということになりかねない。的確な接着研究を行うのに重要なことは、第一に、接着現象のどのような部分を研究対象としているかを明確に認識して、的確な因子を考慮し、的確な接着理論を適用することである。これはどのような種類の研究を行う上でも重要なことであり、私は、接着研究の中でこのような訓練を受けることができたと思っている。

私は、博士課程修了まで、ポリ酢酸ビニルエマルジョンの木材に対する接着性能を研究した。研究目的の一つは、**図 4-3** と**図 4-4** に示した２種類のポリ酢酸ビニルエマルジョン（Emulsion A と Emulsion B）の接着強さの差異が何に由来するのだろうという点である。**図 4-3** と**図 4-4** において、Emulsion A と Emulsion B の接着強さの温度依存性は全く同様である。しかし、**図 4-3** と**図 4-4** のいずれにおいても、Emulsion A の方が Emulsion B より高い接着強さを示している。単純に言えば、この理由を大学院の５年間をかけて探求したのである。

第5章

ポリ酢酸ビニルエマルジョン

本章からポリ酢酸ビニルエマルジョンについて解説する。細かいことだが、本文では「エマルジョン」としている。建築分野では「エマルション」が主流であり、国土交通省大臣官房官庁営繕部「公共建築工事標準仕様書」、日本建築学会建築工事標準仕様書等では塗料や接着剤などには「エマルション」を使用している。

JISを調べると、塗料はJIS K 5660（つや有り合成樹脂エマルションペイント）、JIS K 5663（合成樹脂エマルションペイント及びシーラー）、JIS K 5668（合成樹脂エマルション模様塗料）であるが、接着剤についてはJIS K 6804（酢酸ビニルエマルジョン木材接着剤）となっている。また、JIS K 6828-1（合成樹脂エマルジョン - 第1部：不揮発分の求め方）、JIS K 6828-2（合成樹脂エマルジョン - 第2部：白化温度及び最低造膜温度の求め方）、JIS K 6828-3（合成樹脂エマルジョン - 第3部：粗粒子量（ろ過残さ）の求め方）がある。

接着研究の時代には、私も周囲も「エマルジョン」を使用していた。特に拘りはないが、接着研究の時代に戻って「エマルジョン」としたい。

ポリ酢酸ビニルエマルジョン（以下、PVAcエマルジョン）接着剤は「木工用ボンド」として有名である。コニシ㈱の沖津俊直氏が中心となって開発された。沖津氏は接着に関する多くの技術報文、技術書、解説記事等を書いており有名である。学生時代に木材学会の研究会で御一緒したことがある。沖津氏は1979年に第1回日本接着学会功績賞を受賞されている。私も2013年に日本接着学会功績賞を受賞したが、PVAcエマルジョンの研究が対象ではなかった。有機系接着剤による外装タイル張り工法の開発・普及に関する功績である。

接着剤が「ボンド」と呼ばれるくらい、PVAcエマルジョンは多用された。木材用接着剤としては非常に優れた接着剤である。ただし、大きな欠点として耐水性に劣る点が挙げられる。これを改善したのが水性高分子－イソシアネート系木材接着剤（JIS K 6806）であるが、本文では説明を省略する。

エマルジョンは日本語で言えば乳液である。例えば、牛乳は乳液の一種であり、乳清（水溶液）の中に小さな乳脂肪粒子が分散している。牛乳を遠心分離機にかければ、乳脂肪分と乳清に分離できる。同様に、PVAcエマルジョンは水溶液中にポリ酢酸ビニル樹脂（PVAc）の微粒子が分散したものである。PVAc微粒子を分散質、水溶液を分散媒という。溶液ではないので、溶質、溶媒とは呼称しない。水溶液の分散媒に非水溶性の分散質を安定的に分散させるためには、乳化剤（または界面活性剤）が必要である。油汚れに対して洗剤（界面活性剤）を利用し、ミセル（界面活性剤の集合体）に油を取り込んで乳化し、洗浄するというメカニズムを学んだ人は多いのではなかろうか。更に言えば、コンクリートの減水剤も界面活性剤であり、セメント粒子を分散させることによりフロック形成を防止している。

木材接着用PVAcエマルジョンの場合は、乳化剤としてポリビニルアルコール（PVA）が使用されている。例えば、アニオン系界面活性剤であるドデシルベンゼンスルホン酸ナトリウムを乳化剤としてPVAcエマルジョンを合成したことがあるが、エマルションは機械的安定性に劣り、木材用接着剤としては使用に耐えなかった。一方、PVAは水溶性高分子であり、ノニオン（非イオン）性乳化剤である。ちなみに、切手の裏側にはPVAが塗られている。湿潤することにより切手を貼ることができ、再湿接着剤として利用されている。PVAについては次章以降に詳述したい。

PVAcエマルジョン合成の概略を説明する。先ず、蒸留水にPVAを溶解し10%PVA水溶液を作成する。撹拌中のPVA水溶液に、重合開始剤の一部を添加し、すぐに酢酸ビニルモノマー（VAcモノマー）の連続滴下を開始する。VAcモノマーの滴下時間は3時間とし、モノマー滴下中も30分間隔で重合開始剤を添加した。

PVAcポリマーはVAcモノマーがラジカル重合することによって高分子化する。そのラジカル反応を開始するためにはラジカル（遊離基）を発生する必要があり、そのために重合開始剤を添加する。PVAcエマルジョンの合成では酒石酸を触媒とした過酸化水素が重合開始剤として多用されているのでこれを採用した。また、比較のため過硫酸アンモニウムや過硫酸カリウムといった過硫酸塩系開始剤も使用した。

図5-1の重合初期は、乳化剤であるPVA（**図5-1**ではPVAをイオン系界面活性剤のように示したが、PVAはイオン系界面活性剤と異なる。理解しやすいように**図5-1**のように示した。了解いただきたい。）が水中に溶解している。そこに重合開始剤が添加されラジカルが発生し、滴下されるVAcモノマーと反応してPVAcポリマーに成長していく。そして、PVAcポリマーは高分子となり、PVAに保護されたPVAcエマルジョン粒子が成長していく。そして重合末期になりVAcモノマーが供給されなくなると停止反応がおこり、PVAcエマルジョンが出来上がる。

図5-2にはPVAcの合成プロセスを化学反応式で示している。反応開始時に過酸化水素が分解して水酸基ラジカル（OH·）が発生し、VAcモノマーと反応する（重合開始反応）。そして、水酸基ラジカルと反応したVAcモノマーはラジカルとなってVAcモノマーと反応する。このような反応が連鎖的に起こってPVAcポリマーとなる（連鎖移動反応・成長反応）。VAcモノマーの供給がなくなるとラジカルが失われ（**図5-2**ではOH・と再結合している）反応は停止する（停止反応）。これらの化学反応がエマルジョン粒子の中で進行する。（正確に言えば、酢酸ビニルモノマーは親水性であるため重合反応はエマルジョン粒子内だけでなく水相でも起こっている。これは、エマルジョン重合に関するSmith-Ewartの動力学的理論と異なる挙動を示すことから理解できる。）

卒業研究時代は、毎日1種類ずつエマルジョンを合成した。試薬として購入した酢酸ビニルモノマーにはハイドロキノンなどの重合禁止剤（ラジカルを捕捉する化学物質）が添加されている。これを除去するため、重合を行う前に蒸留する必要がある。2時間程度必要である。また、重合開始剤に使用する過酸化水素水は冷蔵庫で保存し

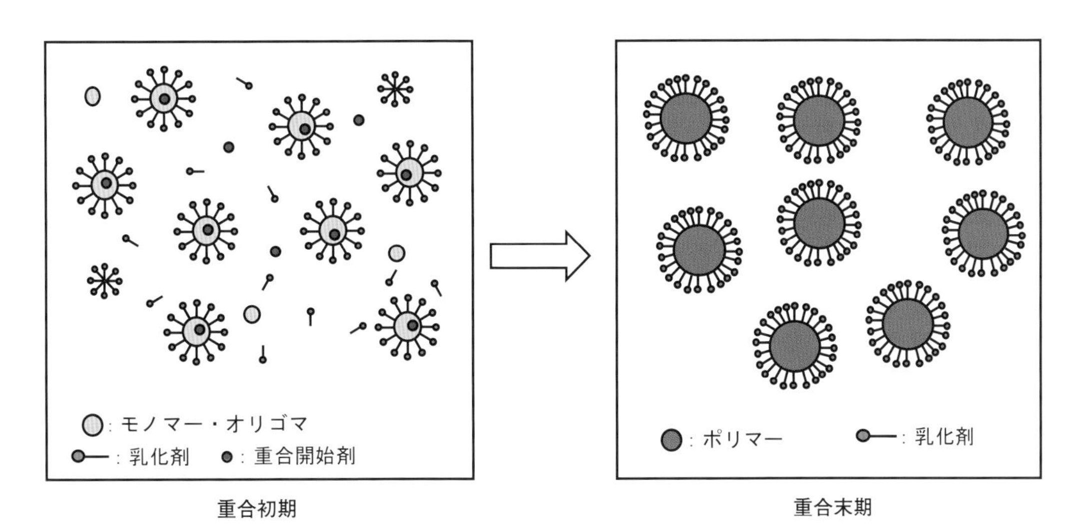

図5-1　乳化重合の概念図

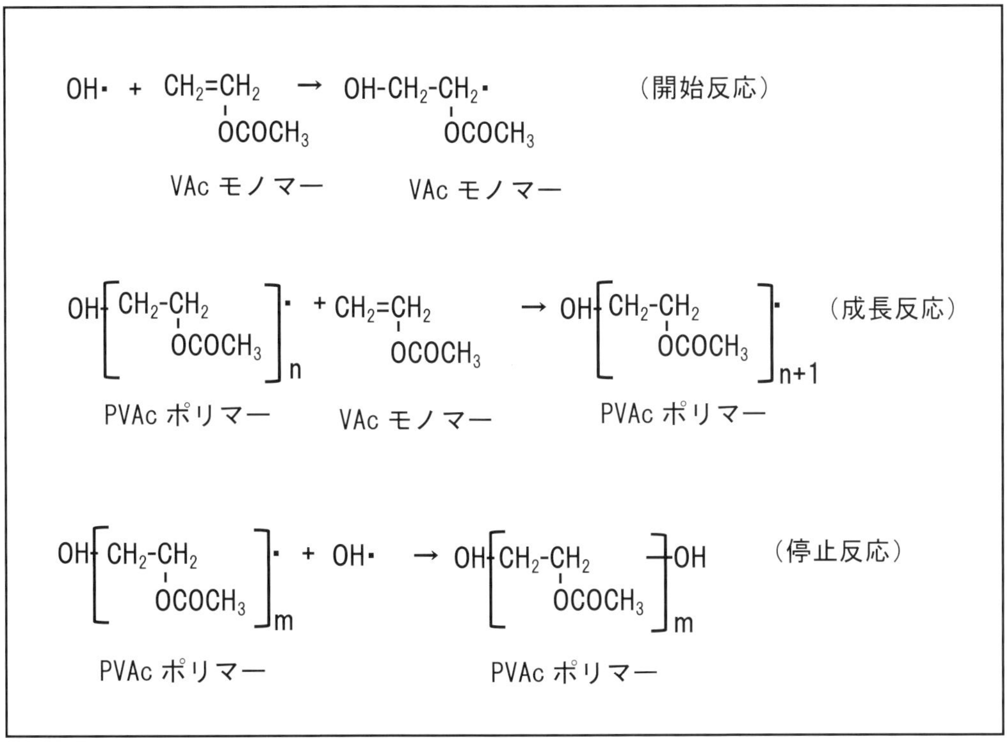

$$\mathrm{OH\cdot + CH_2{=}CH(OCOCH_3) \rightarrow OH{-}CH_2{-}CH(OCOCH_3)\cdot}$$

（開始反応）

VAc モノマー　　VAc モノマー

$$\mathrm{OH{-}[CH_2{-}CH(OCOCH_3)]_n\cdot + CH_2{=}CH(OCOCH_3) \rightarrow OH{-}[CH_2{-}CH(OCOCH_3)]_{n+1}\cdot}$$

（成長反応）

PVAc ポリマー　　VAc モノマー　　PVAc ポリマー

$$\mathrm{OH{-}[CH_2{-}CH(OCOCH_3)]_m\cdot + OH\cdot \rightarrow OH{-}[CH_2{-}CH(OCOCH_3)]_m{-}OH}$$

（停止反応）

PVAc ポリマー　　PVAc ポリマー

図5-2　酢酸ビニルのラジカル重合反応

ているが、分解しやすいので過酸化水素の定量試験を一定期間ごとに実施し、過酸化水素濃度を確認する必要がある。ここまでが午前中の作業である。

午後になるとエマルジョン重合の実験セットを準備し、3時間かけてVAcモノマーを滴下してPVAcエマルジョンを合成する。その後、完成したPVAcエマルジョンの重合率を測定し、器具洗浄、後片付けが終わると夕方である。1日の実験が終了である。

企業（例えば化学会社の技術開発部）では、合成担当者が複数のフラスコを使用して、同時並行で合成実験を実施することが多い。条件を変えて全自動で合成実験を実施するシステムも実用化されているのだろう。（よく知らないが。）

私は、結局、3時間滴下のPVAcエマルジョン重合を毎日1種類ずつ実施した。最初は効率を上げるために、2種類ずつ合成できないかと考えたり、3時間滴下の間に実験机から抜けだしたりした。でも、横着すると失敗するのである。単調そうな合成実験でも、毎日、真面目に、考えながら、続けると何かしら身につくものがある。

ということで、乳化剤であるPVAの種類を変えたり、重合開始剤の種類や添加量を変えて**図5-3**に示した34種類のPVAcエマルジョンを合成した。失敗したこともあるので、合成だけで2ヶ月はかかったと思う。今考えると、幸せな時間だった。

Table 1 Properties of poly(vinyl acetate) emulsions and their tensile bond strength for the cross-lap joint

Name of emulsion	Emulsifier [a]	Initiator [b] initial weight and addition at each 30 min (g)	Viscosity cP, 20 rpm	Dispersion quantity D_{vw}/D_{vn}	Grafting efficiency %	Molecular weight of acetone soluble part $\bar{M}_n\times10^{-4}$	$\bar{M}_w\times10^{-4}$	$\bar{M}_w/\bar{M}_n$	Tensile bond strength and standard deviation kg/cm²
A-1	PVA-2000	H 0.16-0.32	690	1.36	24.6	4.33	4.98	11.5	15.5 (2.2)
2		0.48-0.32	650	1.44	12.4	2.84	1.40	4.93	17.0 (2.9)
3		1.12-0.32	110	1.25	9.9	2.41	0.678	2.81	20.4 (1.9)
B-1	PVA-1400	H 0.16-0.32	10470	1.32	43.2	5.79	6.39	11.0	22.3 (4.2)
2		0.48-0.32	34500	1.36	23.3	3.70	1.61	4.36	21.9 (5.2)
3		0.80-0.32	15100	1.58	10.2	3.55	1.01	2.83	15.8 (2.3)
4		1.12-0.32	5750	1.64	8.2	3.34	0.941	2.82	17.1 (1.9)
C-1	PVA-1400	H 0.32-0.14	500	1.48	19.5	2.27	2.29	10.1	19.0 (3.3)
2		0.32-0.84	380	1.73	16.0	1.39	1.37	9.86	16.8 (3.3)
3		0.32-1.68	140	2.01	15.1	1.28	0.714	5.56	18.0 (3.0)
D-1	*PVA-1500	H 0.16-0.32	62560	1.46	55.1	2.90	1.16	4.01	35.6 (5.2)
2		0.48-0.32	79700	1.68	29.0	2.82	1.02	3.61	24.2 (4.0)
3		0.80-0.32	59800	1.61	15.4	2.34	0.822	3.51	26.6 (3.6)
4		1.12-0.32	58770	1.64	16.5	2.05	0.654	2.19	17.4 (3.8)
E-1	*PVA-1500	H 0.32-0.14	1340	1.53	44.1	2.47	1.24	5.01	27.4 (3.7)
2		0.32-0.84	780	1.68	23.7	1.31	0.627	4.80	24.5 (3.8)
3		0.32-1.68	1010	1.60	17.9	1.22	0.536	4.41	20.5 (3.9)
F-1	*PVA-500	H 0.16-0.32	1550	1.74	51.5	2.30	1.13	4.92	22.0 (2.3)
2		0.48-0.32	17930	2.14	32.6	2.24	0.837	3.74	18.5 (2.7)
3		1.44-0.32	1640	1.58	15.4	1.26	0.361	2.87	16.7 (3.1)
G-1	*PVA-500	H 0.32-0.14	13950	2.04	57.3	3.26	1.33	4.09	19.6 (3.2)
2		0.32-0.84	15650	2.03	30.4	2.22	1.08	4.87	17.9 (4.9)
3		0.32-1.68	11790	2.13	23.8	1.25	0.378	3.02	12.7 (2.9)
H	PVA-1400	A 0.26-0.24	11730	1.23	63.4	5.03	3.56	7.08	19.8 (3.9)
I	*PVA-1500	A 0.26-0.24	17940	1.53	63.2	4.54	3.55	7.82	24.9 (5.0)
J	PVA-1400	K 0.41-0.29	7590	1.24	57.2	4.84	2.34	4.84	25.0 (4.4)
K	*PVA-1500	K 0.31-0.29	16560	1.64	64.3	4.21	2.17	5.14	25.8 (6.0)
L	PVA-1400	A 0.10-0.10	320	1.19	57.6	5.66	4.85	8.57	26.3 (4.2)
M	*PVA-1500	A 0.10-0.10	750	1.45	71.0	6.13	2.92	4.77	19.8 (2.1)
N	PVA-1400	H 0.16-0.32	350	1.19	15.4	6.10	2.95	4.83	23.6 (3.1)
O	PVA-1400	H 0.25-0.32	260	1.29	11.7	2.31	1.81	7.84	17.0 (1.5)
P	PVA-1400	H 0.48-0.32	60	1.29	17.1	4.59	1.91	4.16	24.9 (2.4)
Q	*PVA-1500	H 0.16-0.32	630	1.78	28.6	4.21	2.54	6.03	16.7 (2.2)
R	*PVA-1500 +SDBS	H 0.16-0.32	1040	1.61	38.4	4.00	2.24	5.60	20.5 (3.2)
S	Commercial	resin	560	1.72		5.45	2.93	5.39	28.0 (6.2)

a) PVA-2000(DP) and PVA-1400: degree of saponification, 99–100%.
*PVA-1500 and *PVA-500: degree of saponification, 86.5–89%.
SDBS: sodium dodecylbenzenesulfonate.
b) H: hydroperoxide + tartaric acid, A: ammonium persulfate, K: potassium persulfate.
Polymerization temperature (85°) was common to all emulsions except for N(60°), O(75°), P(60°) and Q(65°C).

図5-3　最終講義「Bonding and Cross-Linking」スライド18/151

第6章

PVAcエマルジョンのキャラクタリゼーション

第5章では34種類のPVAcエマルジョンの合成について述べた。これらのPVAcエマルジョンを使用してカバ材のクロスラップジョイント試験体を作製し、接着強さを測定した。研究の目的は、PVAcエマルジョンのどのような構造が、あるいはどのような性質が接着強さに影響を及ぼしているのかということである。そのためには、PVAcエマルジョンのキャラクタリゼーション（特性評価）が必要である。

研究ではPVAcエマルジョンの特性として、粘度、エマルション粒子の大きさ、グラフト効率、分子量に着目した。PVAcエマルジョンの粘度はE形回転粘度計で測定した。エマルジョン粒子の大きさについては分散度商により相対比較した。即ち、エマルジョンの希薄液の吸光度を400nmと600nmで数点測定し、その比（分散度商D400/D600）を求め、外挿によって無限希釈時の分散度商を求めた。この分散度商により粒子径の相対比較を行った。いわゆる、光散乱を応用した粒子径の測定である。

グラフト効率と分子量は後述するように接着強さとの間に相関関係が認められる。特にグラフト効率については接着強さに支配的な影響を与えていると考えられた。したがって、グラフト効率と分子量について説明する必要がある。順を追って説明する。先ず、乳化剤に用いたPVAについて説明する必要がある。

余談だが、PVAは㈱クラレによって世界で初めて事業化された樹脂であり、京都大学の桜田一郎教授らの指導によりPVAをホルマール化して日本初の合成繊維であるビニロンが製造された。これは、米国が開発したナイロンに続く世界で2番目の合成繊維である。

ビニルアルコール（VA）モノマーを重合してPVAを合成することはできない。何故なら、VAモノマーはアセトアルデヒドに異性体化してしまうからである。PVAの合成では、先ずPVAcを合成して、そのPVAcを**図6-1**に示すようにアルカリ分解（ケン化反応）することにより製造する。この反応はエステル化合物をアルカリで加水分解する反応と同じである。高校の化学で学習する。石鹸を作る時の反応なのでケン化反応と呼ばれる。**図6-1**において、

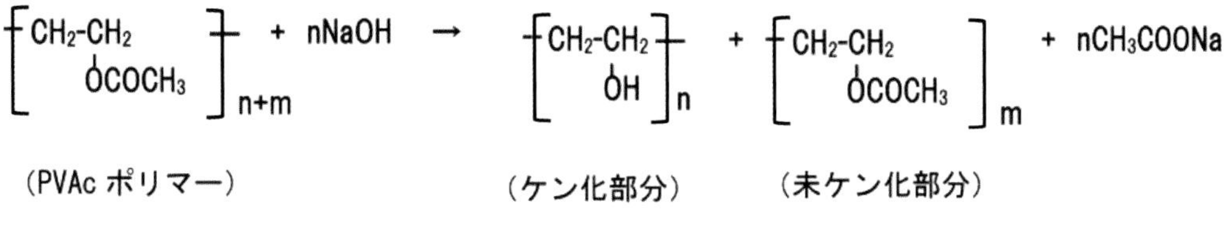

$$\left[\begin{array}{l}CH_2\text{-}CH_2\\ \quad\quad |\\ \quad\quad OCOCH_3\end{array}\right]_{n+m} + nNaOH \rightarrow \left[\begin{array}{l}CH_2\text{-}CH_2\\ \quad\quad |\\ \quad\quad OH\end{array}\right]_{n} + \left[\begin{array}{l}CH_2\text{-}CH_2\\ \quad\quad |\\ \quad\quad OCOCH_3\end{array}\right]_{m} + nCH_3COONa$$

（PVAcポリマー）　　（ケン化部分）　（未ケン化部分）

図6-1　PVAcのアルカリ分解（ケン化反応）

PVAc のすべてのアセチル基 (CH_3CO-) がケン化した場合には、すべてのアセチル基部分が水酸基 (-OH) になる。すなわち、**図 6-1** においてm = 0の場合である。このようなPVAを完全ケン化PVAと呼ぶ。

また、ケン化反応が不完全で部分的にアセチル基が残存するPVAを部分ケン化PVAと呼ぶ。(**図 6-1** は概念的な式であり、部分ケン化PVAではアセチル基が連続しているとは限らない。散在している。) 私のPVAcエマルジョンの合成では、第5章の**図 5-3** に示したように完全ケン化PVA(ケン化度99〜100%) と部分ケン化PVA(ケン化度86.5〜89%) の両方を乳化剤として使用している。

次にグラフトポリマーについて説明する。graftは「接ぎ木」を意味している。グラフトポリマーは、或るポリマー (幹ポリマー) の側鎖に活性点を形成し、その活性点から別のモノマーが重合・成長した枝ポリマーを有する構造となっている。第5章の**図 5-2** においては直鎖状PVAcが生成する重合反応式のみを示した。PVAcエマルジョンの重合では第5章**図 5-2** の反応がメインであるが、副次的には、以下に説明するようなメカニズムによってグラフトポリマーを生成する。

本章の**図 6-2** の"Occurrence of grafting" (グラフト反応の生起) に示すように、PVA中のOHの結合しているCに結合しているHはラジカルによって引き抜かれることがあり、ここを活性点としてVAcモノマーが重合していく。その場合、PVAを幹ポリマー、PVAcを枝ポリマーとしたグラフトポリマーが生成する。($-CH_2-$ のHは引き抜かれにくい。)

さらに、部分ケン化PVAの場合には側鎖にアセチル基が残存しており、アセチル

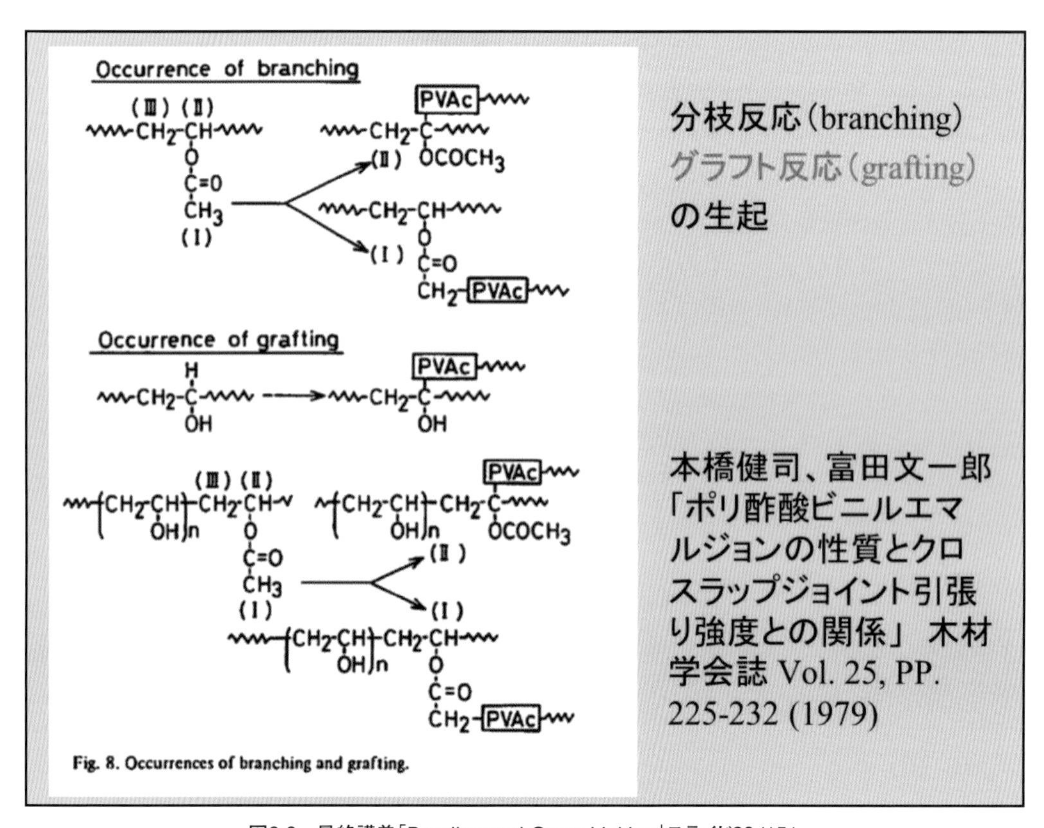

図6-2　最終講義「Bonding and Cross-Linking」スライド20/151

基の水素が引き抜かれやすい。**図 6-2** に示すように（Ⅰ）、（Ⅱ）、（Ⅲ）のHがあるが、完全ケン化PVAの場合と同じで（Ⅲ）のHは引き抜かれにくい。（Ⅰ）と（Ⅱ）のHは引き抜かれることがあり、その場合は**図 6-2** に示すようなグラフトポリマーが生成する。部分ケン化PVAが幹ポリマーであり、枝ポリマーとして（Ⅱ）と（Ⅲ）の活性点からPVAcが成長する。以上を簡単にまとめると、PVAcエマルジョンの重合中にラジカルがPVAに対しても攻撃して、そこからPVAcが成長してグラフトポリマーが生成することになる。

また、PVAcの枝分かれ反応も起こる。**図 6-2** に示す"Occurrence of branching"（分岐反応の生起）に示すように、PVAcの繰返し単位に着目するとCに結合しているHには（Ⅰ）、（Ⅱ）、（Ⅲ）の3種類があるが、（Ⅰ）と（Ⅱ）ではHが引き抜かれやすく、（Ⅲ）では引き抜きは起こらないと考えられる。（Ⅰ）と（Ⅱ）のHが引き抜かれるとそこが活性点となりPVAcが成長していく。即ち元のPVAcが枝分かれすることになる。この分岐反応は、上述した部分ケン化PVAにおけるアセチル基を含む繰り返し単位におけるグラフト反応と同じメカニズムである。

以上述べたことを簡単にまとめると、PVAを乳化剤としたPVAcエマルジョンの合成では、エマルジョン粒子中での直鎖状PVAc（第5章の**図 5-2**）、PVAへのPVAcグラフトポリマー（**図 6-2 の下段**）、および分岐PVAc（**図 6-2 の上段**）が生成する。

これらの生成量の割合を推定するためにグラフト効率を測定する必要がある。

先ず、合成したPVAcエマルジョンを剥離フィルムの上に塗付、乾燥してPVAcエマルジョンフィルムを作成する。そして、乾燥したPVAcエマルジョンフィルムをソックスレー抽出器で40時間アセトン抽出する。PVAcはアセトン可溶であるため、ソックスレー抽出により、フィルム中のPVAcは分岐PVAcを含めて抽出される。グラフトポリマーおよびPVAはアセトンに不溶である。したがって、アセトン抽出の残渣はグラフトポリマーおよびPVAと考えられる。また、PVAcがグラフトしていないPVA量を推定するためPVAcエマルジョンフィルムの水可溶分も測定した。グラフトしていないPVAは水可溶であるため、水に抽出される。

以上のような測定から、下記の式①によってグラフト効率を求めた。

また、式②から水可溶分も求めた。

式① $$\text{グラフト効率(\%)} = \frac{\text{PVAcエマルジョンフィルム中のアセトン未抽出PVAc量}}{\text{PVAcエマルジョンフィルム中の全PVAc量}} \times 100$$

式② $$\text{水可溶分(\%)} = \frac{\text{PVAcエマルジョンフィルム中の水可溶分の質量}}{\text{PVAcエマルジョンフィルム中の全質量}} \times 100$$

最後に、もう一つの特性値としてPVAcエマルジョンの分子量に着目した。高分子化合物の分子量を測定するためには、粘度法、浸透圧法、GPC法等がある。

我々の学生実験では粘度法による分子量（粘度平均分子量）の測定を行った。高分子分子量と固有粘度（高分子溶液の粘度を種々の濃度で測定し、外挿法により求める濃度0%の粘度）との間には以下に示すMark-Houwink-桜田の式が成立する。前出したビニロンの桜田先生である。この式によって分子量を求める。

$$〔\eta〕= KMv^{\alpha}$$

ここで

〔η〕：固有粘度、K：Flory-Foxの定数、Mv：粘度平均分子量、α：係数（0.5～0.8）

粘度測定はガラス製の粘度計で行うのだが、学生は時々粘度計を割ってしまう。先生が嘆いていたのを覚えている。

分子量の求め方として粘度法、浸透圧法、GPC法等を挙げたが、これらの測定を可能とするためには、高分子を溶液にする必要がある。私が対象としているPVAcエマルジョンはそのままでは高分子溶液にならない。そこで、グラフト効率を測定したときにアセトンで抽出されたPVAc（アセトン可溶PVAc）の分子量を測定して特性値とした。分子量の測定は上記に説明した粘度法ではなく比較的新しい方法であったGPC法により数平均分子量Mnおよび重量平均分子量Mwを求めた。

以上をまとめると、PVAを乳化剤として34種類のPVAcエマルジョンを合成し、①PVAcエマルジョンの粘度、②粒子の大きさ（分散度商）、③グラフト効率、④アセトン可溶分の重量平均Mwを主たる特性値としてPVAcエマルジョンのキャラクタリゼーションを行った。得られた結果の一覧は第5章の**図5-3**に示してある。（読めないと思うが、後の展開に支障はない。）

実験室でのエピソード（化学実験に馴染んだ人へ）

アセトン可溶PVAcの分子量測定にGPC法を利用した。この方法は高速液体クロマトグラフィー法の一種であり、カラムの中に溶媒を流してアセトン可溶PVAcを分子量で分離する方法である。私の実験では1.5mL/minの条件で溶媒を流していた。朝一番（9時ごろ）にGPCを立ち上げ、夜9時ごろに停止する。12時間で約1Lの溶媒を使用することになる。溶媒にTHF（テトラヒドロフラン）を使用していた。私の研究室では、当時、使用済みTHFを蒸留して再利用していた。使用済みTHFが溜まると大きな還流冷却器付きの枝付き丸底フラスコに入れ、マントルヒーターで加温し、THFを蒸留していた。さらに、THFに溶解している僅かな水を除去するため金属ナトリウム片も加えていた。

金属ナトリウムの取扱いについては、実験室の流し場（鉛張りである）で、先生が私の目の前で非常に少量の金属ナトリウムを削って水に投入し、激しい反応（火の手が上がるような感じ）を私に確認させた。そして、注意事項を教えてくれた。

THFについては蒸留中に空気中の酸素と徐々に反応して過酸化物を生成するので蒸留において蒸発乾固させてはいけない。この点も厳重に注意された。蒸発乾固すると生成した過酸化物が爆発する。金属ナトリウムまで飛び散ることになる。

このような事情から、THFの蒸留は日中のみ、職員がいる時間帯に限られていた。研究室の退出時には、装置停止と戸締り等を確認するのが習慣だった。

或る日、研究室のゼミが終えて先生と一緒に研究室にあったビールを飲んだ。研究室に来訪したお客さんも一緒だったと思う。夜の9時ごろに研究室を退出した。その夜、突然目が覚めた。マントルヒーターを停止した記憶が明瞭ではなかった。フラスコの中にはTHFが多量にあったので翌日まで乾固はしないと思ったが、心配なので朝一番に研究室へ駆け付けた。停止してあったことを確認した。先生も早く駆け付けた。やはり、心配だったということであった。それ以来、私の研究室ではTHFを蒸留して再利用することは止めにした。

化学実験では種々の危険がある。私たちの時代は大学院工学系研究科で「実験室安全化学」(だったと思う)という講義があり、化学系の実験室に進学した学生は、ほとんど必修科目として受講させられた。

第7章
グラフト効率と接着強さ

第6章ではPVAcエマルジョンのキャラクタリゼーションについて述べた。今回は、「どの特性値が接着強さに影響を与えているか？」について述べる。いろいろな特性値との関係について検討したが、結論としては、分子量とグラフト効率が接着強さと正の相関を示した。以下、**図7-1**～**図7-3**により説明する。

図7-1にアセトン可溶PVAcのMw（重量平均分子量）とクロスラップジョイント試験体の接着強さとの関係を示す。なお、アセトン可溶PVAcのMwはPVAcエマルジョンの分子量の指標と考えていただきたい。

図7-1は横軸が分子量、縦軸が接着強さを示している。**図7-1**の●、■、▲は部分ケン化PVAを乳化剤としたPVAcエマルジョンであり、○、△は完全ケン化PVAを乳化剤としたPVAcエマルジョンである。**図7-1**から以下のことが看取できる。

①分子量と接着強さの間には有意水準10%で正の相関関係が認められた。

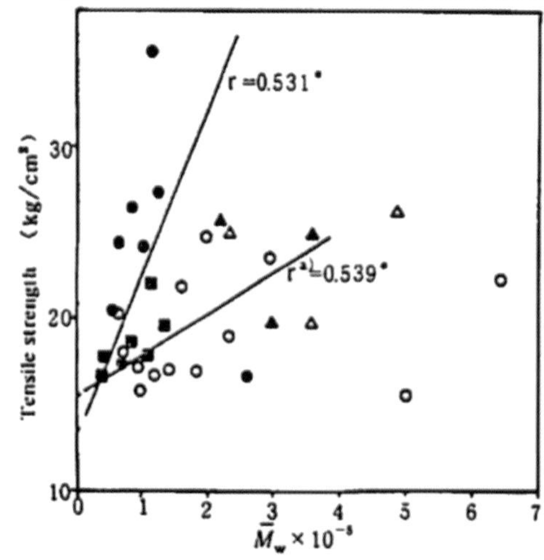

r =0.531*
r a)=0.539*
Tensile strength (kg/cm²)
30
20
10
0 1 2 3 4 5 6 7
$\bar{M}_w \times 10^{-5}$
Fig. 3 Relation between $\overline{Mw}$ of acetone soluble part and tensile strength.
(Symbols are common to Fig. 1.)
* significant at 10% level
a) Sample A-1 and B-1 ($\overline{Mw} \times 10^{-5}$=4.98, 6.39) were omitted in calculation
分子量と接着強さ
1. アセトン可溶分の分子量と接着強さの間に相関関係が認められる。
2. 乳化剤が完全ケン化PVAの場合と部分ケン化PVAの場合で傾きが異なる。
3. 部分ケン化PVAを乳化剤とした場合の方が接着強さが高い傾向にある。
本橋健司、富田文一郎「ポリ酢酸ビニルエマルジョンの性質とクロスラップジョイント引張り強度との関係」木材学会誌 Vol. 25, PP. 225-232(1979)

図7-1　最終講義「Bonding and Cross-Linking」スライド21/151

②完全ケン化PVAを乳化剤とした場合（○、△）（以下、完全ケン化PVAグループ）と、部分ケン化PVAを乳化剤とした場合（●、■、▲）（以下、部分ケン化PVAグループ）とでは傾きが異なるが、両方のグループにおいて有意水準10%で正の相関が認められた。

③同程度の分子量で比較すると、部分ケン化PVAグループの方が完全ケン化PVAグループより、接着強さが高い。

図7-2はグラフト効率（横軸）と接着強さ（縦軸）の関係を示している。**図7-2**から以下のことが看取できる。

①グラフト効率と接着強さの間には有意水準5%で正の相関が認められた。

②**図7-1**に示した分子量の場合と異なって、完全ケン化PVAグループと部分ケン化PVAグループとの間で傾きに差異は認められず、両者は一つのグループにまとまっていると考えられる。

次に、**図7-3**はPVAcエマルジョンの分子量（横軸）とグラフト効率（縦軸）の関係を示したものである。**図7-3**から以下のことが看取できる。

1. 分子量とグラフト効率との間に有意水準1%で正の相関が認められた。
2. 完全ケン化PVAグループと、部分ケン化PVAグループで直線回帰式の傾きが異なった。

図7-1～**図7-3**の結果から、以下のように考えられる。

この実験系では、重合開始剤量や乳化剤であるPVAのケン化度を変化させて特性値の異なる34種類のPVAcエマルジョンを合成した。**図7-3**に示すように分子量とグラフト効率は独立的には変化せず、両者

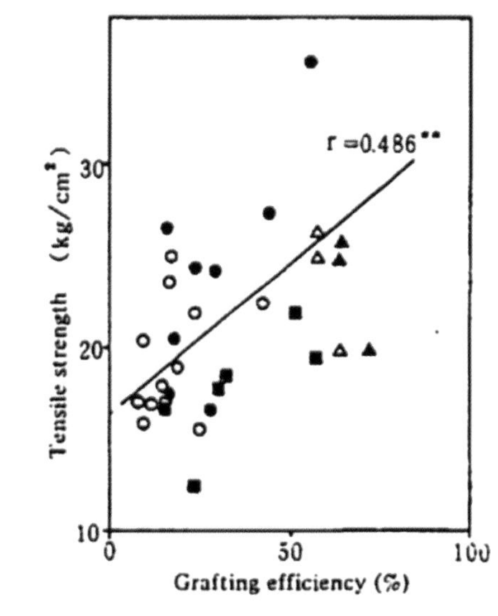

グラフト効率と接着強さ

1. グラフと効率と接着強さの間に相関関係が認められる。
2. 乳化剤が完全ケン化PVAの場合と部分ケン化PVAの場合で（分子量のように）傾きが異なることはない。
3. 部分ケン化PVAを乳化剤とした場合の方が接着強さが高い傾向にある。

本橋健司、富田文一郎「ポリ酢酸ビニルエマルジョンの性質とクロスラップジョイント引張り強度との関係」木材学会誌 Vol. 25, PP. 225-232 (1979)

図7-2　最終講義「Bonding and Cross-Linking」スライド22/151

間に相関が認められた。これは、合成条件に由来する制約であり、採用した実験系では分子量とグラフト効率が独立的に変化するPVAcエマルジョンを合成できない。詳細は省略するが、重合開始剤量の少ない系でPVAcエマルジョンの分子量とグラフト効率がともに高くなることが分かっている。

このような条件で、「何故、分子量でなくグラフト効率が接着強さに支配的影響を与えると判断できるのか」というと、以下のように考えるからである。

図7-2では完全ケン化PVAグループと部分ケン化PVAグループが一つとなって、グラフト効率と接着強さの間に正の相関が認められた。また、**図7-1**では完全ケン化PVAグループと部分ケン化PVAグループは別々の傾きで、分子量と接着強さの間に正の相関が認められた。

PVAcエマルジョンの分子量とグラフト効率の間に**図7-3**に示す関係が認められるのであるから、仮に分子量の影響がグラフト効率より支配的であるなら、**図7-1**において完全ケン化PVAグループと部分ケン化PVAグループが一つのグループを形成して正の相関を示す筈である。(そして、**図7-2**において別々のグループとなり正の相関を示す筈である。)しかし実験結果は、**図7-2**に示すように、グラフト効率と接着強さの間において、一つのグループを形成し、正の相関を示している。すなわち、グラフト効率が接着強さに支配的影響を与えていると判断できる。

この結論は私の研究の中で重要なものの一つである。そのため、別の角度から、より明確にグラフト効率の影響が支配的であることを示したいと考えた。そこで、大学

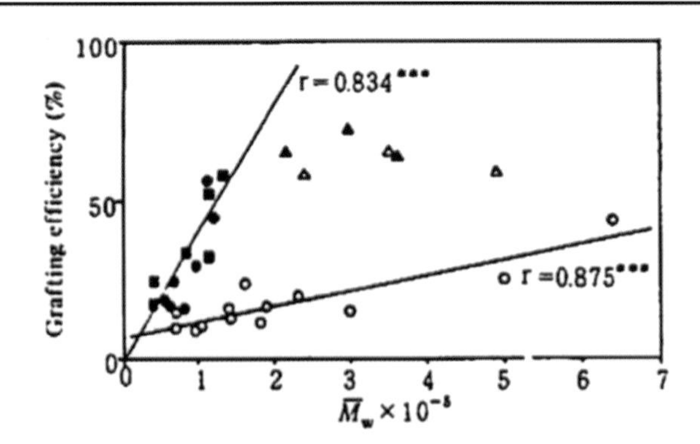

Fig. 1 Relation between $\overline{M}$w of acetone soluble part and grafting efficiency.
○: PVA-2000 and PVA-1400-hydroperoxide systems
●: *PVA-1500-hydroperoxide systems
■: *PVA-500-hydroperoxide systems
△: PVA-1400-persulfate systems
▲: *PVA-1500-persulfate systems
*** significant at 1% level

分子量とグラフト効率

1. アセトン可溶分の分子量とグラフト効率の間に正の相関が認められる。
2. 乳化剤が完全ケン化PVAの場合と部分ケン化PVAの場合で傾きが異なる。
3. 接着強さに及ぼす影響は、アセトン可溶分の分子量よりもグラフト効率の方が大きい。

本橋健司、富田文一郎「ポリ酢酸ビニルエマルジョンの性質とクロスラップジョイント引張り強度との関係」木材学会誌 Vol. 25, PP. 225-232(1979)

図7-3　最終講義「Bonding and Cross-Linking」スライド23/151

院に入ってから新しいPVAcエマルジョンの合成を行った。

新しいPVAcエマルジョンの合成においても、重合開始剤やPVAの種類は変更したくない。その上で、分子量とグラフト効率との間に相関性のないPVAcエマルジョンをどのように合成しようかと考えた。試行錯誤の結果、微量の連鎖移動剤をVAcモノマーに添加することで目的を達成できた。詳細は省略するが、連鎖移動剤は成長ポリマー鎖からラジカルを受け取りその部分でのポリマーの重合を停止させる。そして、ラジカルを受け取った連鎖移動剤はモノマーにラジカルを与えて、再び重合を開始させる働きがある。

具体的にはジアリルエーテル、クメン、トルエン、エチルベンゼンを連鎖移動剤として使用した。VAcモノマー225g中に0.5ml～3.0mlの範囲で連鎖移動剤を添加し、重合開始剤やPVAのケン化度は変更せずに15種類のPVAcエマルジョンを合成した。また、連鎖移動剤を用いない7種類のPVAcエマルジョンも新しく合成した。そして、合計22種類のPVAcエマルジョンについてキャラクタリゼーションを行い、クロスラップジョイント試験体の引張接着強さを測定した。

図7-4に新しい22種類のPVAcエマルジョンの分子量（アセトン可溶PVAcのMw）と接着強さの関係を示す。**図7-4**から明らかなように分子量と接着強さの間には相関性は認められない。**図7-4**ではグラフト効率の階層別に記号（○、△、□、▽）を示しているが、分子量とグラフト効率との間に相関性は認められない。

図7-5に同じ22種類のPVAcエマルジョ

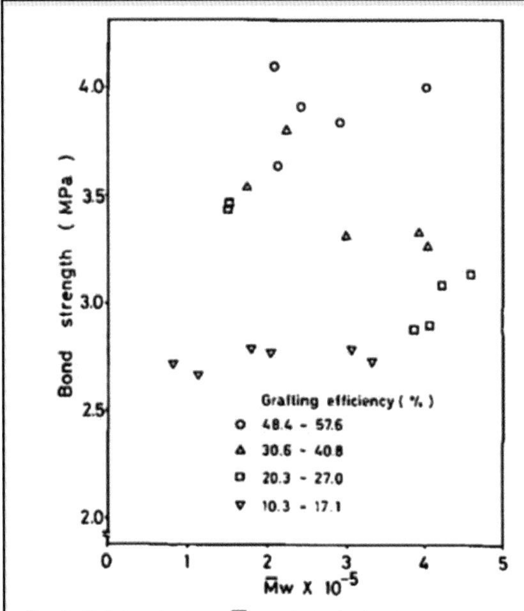

Bond strength (MPa)
4.0
3.5
3.0
2.5
2.0
0
1
2
3
4
5
Mw X 10^-5
Grafting efficiency (%)
48.4 - 57.6
30.6 - 40.8
20.3 - 27.0
10.3 - 17.1
Fig. 3. Relation between Mw and tensile bond strength of cross-lap joint at each level of grafting efficiency.
分子量と接着強さ
1. 連鎖移動剤の添加により分子量とグラフト効率に相関のないエマルション系を合成した。
2. （アセトン可溶分の）分子量は接着強さに影響しない。
K. Motohashi, B. Tomita, and H. Mizumachi "Relationship between Chemical Properties of Poly(Vinyl Acetate) Emulsion Adhesives and Tensile Strength for Cross-Lap Joint of Wood", Holzforschung Vol. 36, PP. 183-189 (1982)

図7-4　最終講義「Bonding and Cross-Linking」スライド29/151

ンのグラフト効率と接着強さの関係を示す。両者間には有意水準1％で正の相関が認められた。（「やったぞ」という気分だった。）なお、**図7-5**では分子量の階層別に記号（●、▲、■、▼）を示しているが、**図7-4**と同様に分子量とグラフト効率の間に相関性は認められない。

図7-6には22種類のPVAcエマルジョンの被膜の引張り強さとグラフト効率との相関を示す。両者間には有意水準1％で正の相関が認められた。したがって、**図7-7**に示すようにPVA cエマルジョンの被膜の引張り強さとクロスラップジョイント試験体の接着強さとの間にも明瞭な正の相関が認められた。

クロスラップジョイント試験体の接着強さ試験およびPVAcエマルジョン被膜の引張り強さ試験は23℃、RH 65の条件下で実施された。クロスラップジョイント試験体の破断面を目視観察した結果、主たる破壊モードは接着剤層（PVAcエマルジョン）の凝集破壊であった。このことからも、被膜の引張り強さと接着強さの間に正の相関がみられたことが理解できる。

以上の結果、PVAを乳化剤としたPVAcエマルジョンで接着したクロスラップジョイント試験体の常温での引張り接着強さには、グラフト効率が支配的影響を与えることを示すことができた。

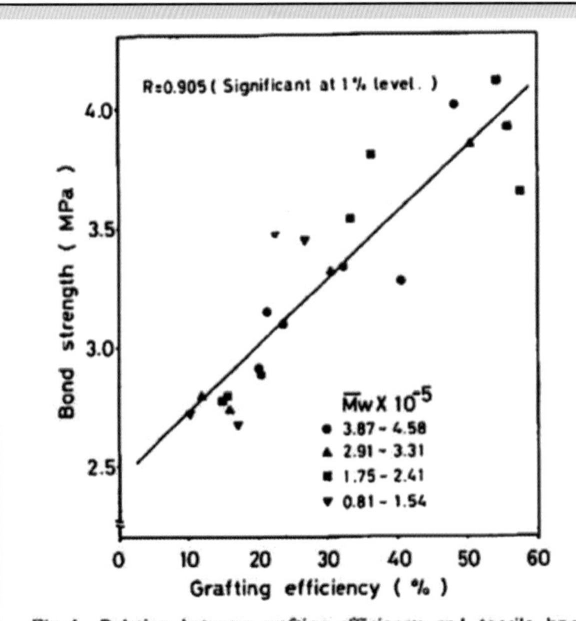

Fig. 4. Relation between grafting efficiency and tensile bond strength of cross-lap joint at each level of $\overline{M}w$.

グラフト効率と接着強さ

1. 連鎖移動剤の添加により分子量とグラフト効率に相関のないエマルション系を合成した。

2. 乳化剤PVAとPVAcとのグラフト効率は接着強さを支配する。

K. Motohashi, B. Tomita, and H. Mizumachi "Relationship between Chemical Properties of Poly(Vinyl Acetate) Emulsion Adhesives and Tensile Strength for Cross-Lap Joint of Wood", Holzforschung Vol. 36, PP. 183-189 (1982)

図7-5　最終講義「Bonding and Cross-Linking」スライド30/151

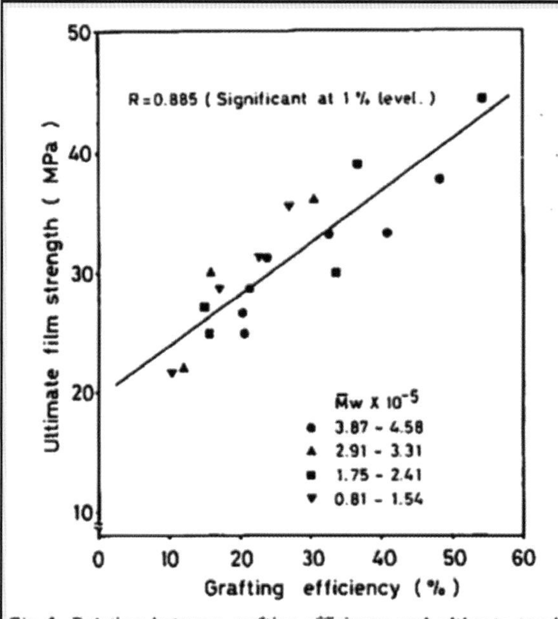

Fig. 5. Relation between grafting efficiency and ultimate tensile strength of film.

グラフト効率と接着剤被膜強さ

1. 連鎖移動剤の添加により分子量とグラフト効率に相関のないエマルション系を合成した。

2. 乳化剤PVAとPVAcとのグラフト効率は接着剤被膜の引張り強度を支配する。

K. Motohashi, B. Tomita, and H. Mizumachi "Relationship between Chemical Properties of Poly(Vinyl Acetate) Emulsion Adhesives and Tensile Strength for Cross-Lap Joint of Wood", Holzforschung Vol. 36, PP. 183-189 (1982)

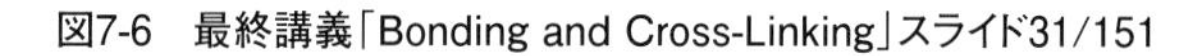

図7-6　最終講義「Bonding and Cross-Linking」スライド31/151

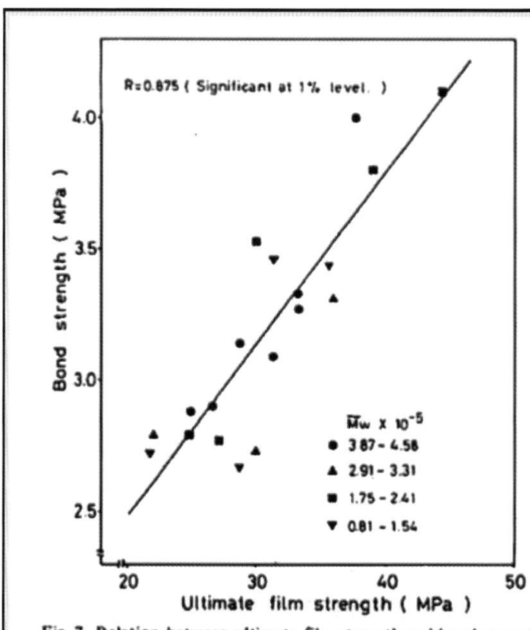

Fig. 7. Relation between ultimate film strength and bond strength of cross-lap joint.

接着剤被膜強さと接着強さ

1. 接着剤被膜強さと接着強さの間には明瞭に正の相関がある。

2. 乳化剤PVAとPVAcとのグラフト効率は接着剤被膜の引張り強度および木材に対する接着強さを支配する。

K. Motohashi, B. Tomita, and H. Mizumachi "Relationship between Chemical Properties of Poly(Vinyl Acetate) Emulsion Adhesives and Tensile Strength for Cross-Lap Joint of Wood", Holzforschung Vol. 36, PP. 183-189 (1982)

図7-7　最終講義「Bonding and Cross-Linking」スライド32/151

第8章
PVAcエマルジョンの構造

第7章では、PVAcエマルジョンのグラフト効率が接着強さに支配的影響を与えることを示した。本章では、グラフト効率の高いPVAcエマルジョンの構造がどのようになっているかを考察したい。換言すれば「グラフト効率の高いPVAcエマルジョンは、何故、接着強さが大きいのか？」について、PVAcエマルジョンの構造面から考えてみたい。単に、グラフト効率が接着強さに支配的影響を与えることが示せたというだけでは説明が不十分である。理由を考えることが大切である。

結論を先に示すと、合成した34種類のPVAcエマルジョン（**図5-3**）は**図8-1**に示す被膜構造を有することが明らかになった。**図8-1**には、2種類のPVAcエマルジョンの被膜構造が示されている。**図8-1**上部がグラフト効率の高いエマルジョン（Emulsion T-2）の被膜構造であり、**図8-1**下部がグラフト効率の低いエマルジョン（Emulsion T-7）の被膜構造である。

PVAcエマルジョンが形成する被膜は、

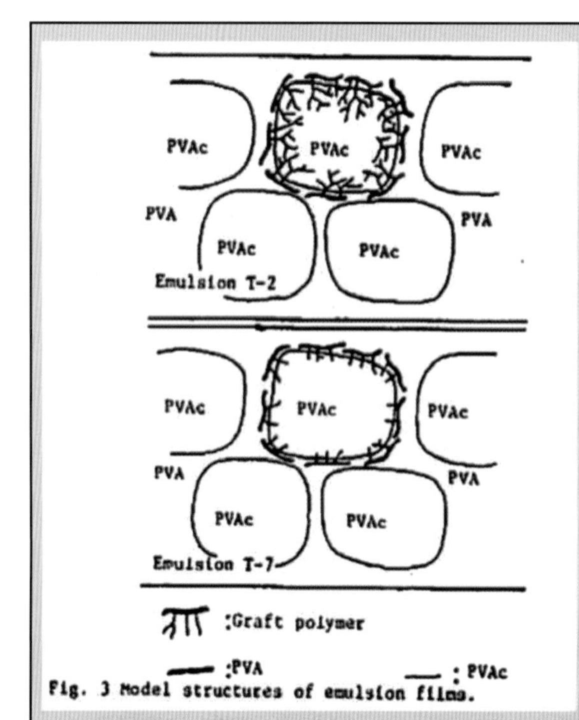

ポリ酢酸ビニルエマルション皮膜の構造と接着強さ

1. グラフト効率の高いポリ酢酸エマルションではPVAcの分岐も多い。

2. 乳化剤PVA相（連続相）とPVAc相（分散相）は両者間のグラフト反応により強固に結合しており、そのことが皮膜強さと接着強さを高める主要因となっている。

本橋健司「ポリ酢酸ビニルエマルジョン接着剤の皮膜構造と木材に対する接着性能」日本建築学会大会梗概集 材料施工 PP. 335-336(1981)

図8-1　最終講義「Bonding and Cross-Linking」スライド33/151

PVA 相を連続相、PVAc 相を分散相とする二相構造になっている。連続相であるPVA 相を海にたとえ、不連続に分散しているPVAc 相を島にたとえて海島構造と呼称することが多い。この海島構造においてPVA-PVAc グラフトポリマーがどこに存在するかといえば、PVA 相とPVAc 相の界面に局在する可能性が大きい。

図 8-1 最下部にPVA-PVAc グラフトポリマーの模式図を示した。太い線がPVAであり、やや細い線がPVAcを示している。PVA-PVAc グラフトポリマーは、PVA の幹ポリマーからPVAc が接ぎ木のように成長したポリマーである。グラフト効率の高い Emulsion T-2 はPVA に接ぎ木しているPVAc が多量であり、且つ、PVAc の分岐も多くなっている。グラフト効率の低い Emulsion T-7 ではPVA に接ぎ木しているPVAc が少量であり、且つ、PVAc の分岐は少なくなっている。

何故、**図 8-1** のような模式図が予測できるかというと、先ず、グラフト効率の定義から、グラフト効率の高い Emulsion T-2 ではPVA にグラフト(接ぎ木)しているPVAc が多量であり、グラフト効率の低い Emulsion T-7 はPVA にグラフトしているPVAc が少量であることは明らかである。問題は、グラフト効率の高いPVAc エマルジョンでは、何故PVAc の分岐が多くなっているかという点である。その理由は、次に述べる実験により明らかになった。

図 8-2 は第 6 章で(**図 6-2**)示したが、PVA を乳化剤としてPVAc エマルジョン重合を行った場合のPVA-PVAc のグラフト生成反応とPVAc の分岐生成反応を示している。これらの生成ポリマーの分子構造中にある赤線で示した部分はエステル

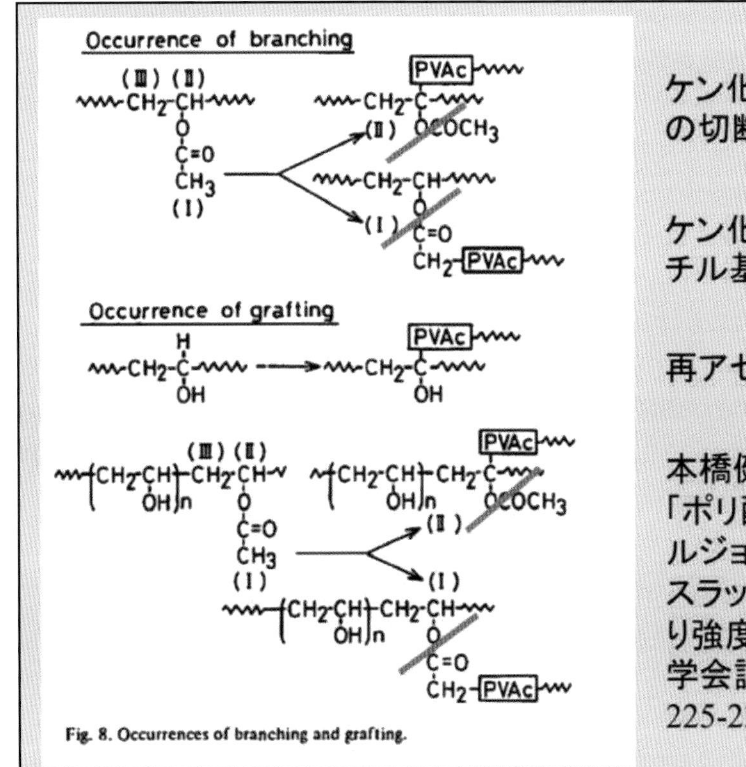

Fig. 8. Occurrences of branching and grafting.

図8-2　最終講義「Bonding and Cross-Linking」スライド25/151

結合であり、アルカリによる加水分解反応(ケン化反応)によって切断される。

すなわち、**図 8-2** に示したエステル結合中のメチル基の水素がラジカルにより引抜かれて、そこから PVAc が成長した分岐点〔**図 8-2** の Occurrence of branching の(Ⅰ)〕および部分ケン化 PVA のアセチル基から同様に PVAc が成長したグラフト点〔**図 8-2** の Occurrence of grafting の(Ⅰ)〕はケン化反応によって切断され、低分子化する筈である。したがって、ケン化反応により低分子化がどの程度起こるかを調べることにより、PVAc と PVA-PVAc グラフトポリマー中に分岐部分とグラフト部分がどの程度あるかを推測できる。

そのため、PVAc エマルジョン被膜のソックスレー抽出によるアセトン可溶分(PVAc エマルジョン被膜中の PVAc)、アセトン不溶分(PVAc エマルジョン被膜中の PVA-PVAc グラフトポリマーおよび PVA)および水可溶分(PVAc エマルジョン被膜中の PVA)を対象として、第 6 章で紹介した GPC (Gel Permeation Chromatography) 法により各成分の分子量および分子量分布をケン化反応の前後で比較した。GPC 測定のためには溶媒である THF(テトラハイドロフラン)に可溶とするため、すべてのポリマーをアセチル化反応により PVAc としなければならない。そのために各成分に対して、以下のような処理を実施した。

①アセトン可溶分：GPC 測定
②アセトン可溶分：ケン化反応→アセチル化反応→GPC 測定
③アセトン不溶分：アセチル化反応→GPC 測定
④アセトン不溶分：アセチル化反応→ケン化反応→アセチル化反応→GPC 測定
⑤水　可　溶　分：アセチル化反応→GPC 測定

以上の GPC 測定結果から、①と②を比較することにより PVAc 中の分岐点を推定できる。また、③と④を比較することにより PVA-PVAc グラフトポリマー中のグラフト点およびグラフトした PVAc 中の分岐点を推定できる。

ポリマーのアセチル化反応はピリジン中で無水酢酸の添加により行う。長時間の反応である。また、GPC 測定も装置の安定した条件で実施する必要がある。すべての結果を得るまでには 2 ヶ月以上費やしたと思う。

図 8-3 に GPC 測定結果(クロマトグラム)を示す。GPC クロマトグラムの見方について説明する。クロマトグラムの横軸は分子量に対応したカウント数を示している。**図 8-3** ではカウント数(25、30、35、40 など)の小さいほど(左側ほど)分子量が大きくなっている。また、縦軸は濃度に対応する信号強度である。

図 8-3 にはクロマトグラムが 4 段に分かれて示されている。上から 1 番目と 2 番目の段は高いグラフト効率の PVAc エマルジョン(B-1)のクロマトグラムであり、1 番目はアセトン可溶分(PVAc)、2 番目がアセトン不溶分(PVA-PVAc グラフトポリマーおよび PVA)のクロマトグラムを示している。更に、各段に実線と破線で示された 2 つのクロマトグラムが一緒に示されている。実線はケン化反応前(グラフト点・分岐点を切断する前)のクロマトグラムであり、破線はケン化反応後(グラフト点・分岐点を切断した後)のクロマトグラムを示している。

また、上から 3 番目と 4 番目の段は低いグラフト効率の PVAc エマルジョン(B-4)のクロマトグラムであり、3 番目はアセトン可溶分（PVAc）、4番目がアセトン不溶分（PVA-PVAcグラフトポリマーおよびPVA）のクロマトグラムを示している。実線と破線の意味は同様である。

これらのクロマトグラムの観察から以下のことが看取される。

①アセトン可溶分（切断前）およびアセトン不溶分（切断前）について観察すると、グラフト効率の高いPVAcエマルジョン（B-1）はグラフト効率の低いPVAcエマルジョン（B-4）と比較して、分子量が高く、分子量分布が広い。また、（PVA-PVAcグラフトポリマーを含んでいない）B-1のアセトン可溶分（PVAc）においても分子量分布に2つのピークが観測される。このことは、アセトン可溶分（PVAc）中の分岐構造を強く示唆している。

②グラフト効率の高いPVAcエマルジョン（B-1）のアセトン可溶分（切断後）およびアセトン不溶分（切断後）については、破線で示したように、低分子化し、分子量分布も単分散に近づいている。したがって、グラフト効率の高いPVAcエマルジョン（B-1）には、PVA-PVAcグラフトポリマーおよび分岐PVAcが多量に含まれていると推測できる。

③一方、グラフト効率の低いPVAcエマルジョン（B-4）のアセトン可溶分（PVAc）およびアセトン不溶分（PVA-PVAcグラフトポリマーおよびPVA）は、B-1と比較して、分子量が低く、分子量分布も狭い。また、ケン化反応の前後（実線と破線）で変化が少ない。このことから、グラフト効率の低いPVAcエマルジョン（B-4）には、PVA-PVAcグラフトポリマーおよび分岐PVAcが少ないと推測で

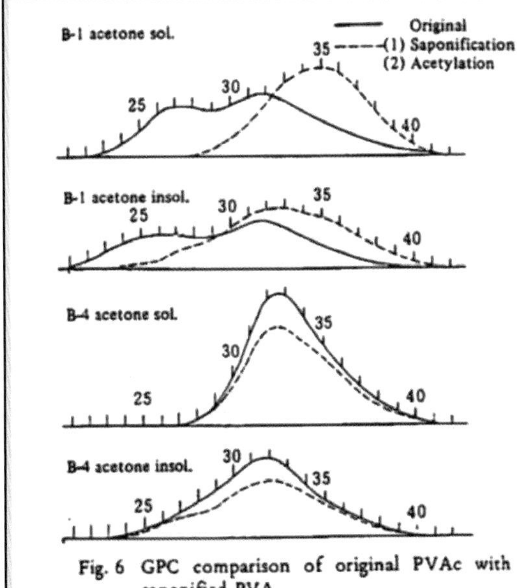

B-1 acetone sol.
Original
(1) Saponification
(2) Acetylation
B-1 acetone insol.
B-4 acetone sol.
B-4 acetone insol.
Fig. 6 GPC comparison of original PVAc with saponified PVA.
(solvent; THF, flow rate; 1.5 ml/min, one count; 3 ml, column; Styragel 3x10⁵, 3x10⁴, 3x10³ Å.)
分子量、分子量分布、分岐
1. 開始剤（ラジカル基）量が少ない系では、分子量が大きく、分布も広い。また、アセチル基部分への分岐、グラフト反応が多いことがわかる。
2. 開始剤（ラジカル基）量が多い系では、分子量が相対的に小さく、分子量分布も相対的に狭い。アセチル基への分岐、グラフト反応が少ないことが分かる。
本橋健司、富田文一郎「ポリ酢酸ビニルエマルジョンの性質とクロスラップジョイント引張り強度との関係」木材学会誌 Vol. 25, PP. 225-232(1979)

図8-3　最終講義「Bonding and Cross-Linking」スライド26/151

きる。

④なお、アセトン不溶分にはPVA-PVAcグラフトポリマーだけでなくPVAも含有されている。しかし、PVAはケン化反応によって分子量および分子量分布の変化は少ない。

かなり込み入った説明になり恐縮であるが、以上のような理由により、**図8-1**に示したPVAcエマルジョンの構造が推測できた。**図8-1**からグラフト効率の高いPVAcエマルジョン被膜はPVA相とPVAc相の結合が強固であることが理解できる。このことから、第7章で示したグラフト効率とPVAcエマルジョン被膜強さの関係（**図7-6**）、接着強さとの関係（**図7-5**および**図7-7**）が合理的に理解できる。

最後に、もう一つ証拠を付加したい。**図8-1**に示した構造を別の観点から確認できないものかと考えてPVAcエマルジョン被膜の動的粘弾性を測定した。動的粘弾性の測定はポリマーの物性研究に必須と言ってよい手法である。ここではTBA（Torsional Braid Analysis）と呼称される方法を採用した。ガラス繊維の組紐（Braid）にPVAcエマルジョンを含浸させた複合体のねじり振り子自由減衰振動を測定して、相対剛性率および対数減衰率を求める方法である。相対剛性率および対数減衰率の変化を広範囲の温度領域で把握することによりPVAcエマルジョンの構造に関する情報が得られる。TBA法による測定結果を**図8-4**に示す。**図8-4**上部がグラフト効率の高いエマルジョン（A-2）であり、下部がグラフト効率の低いエマルジョン（A-7）である。左側縦軸はPVAcエマルジョンの相対剛性率、右側縦軸は対数減衰率を示している。横軸は温度（－150℃～150℃）を示している。なお、厳密にはPVAcエマルジョンとガラス繊維組紐の複合体についての測定データであるが、測定した温度範囲でガラス繊維組紐の物性はほとんど変化しないことが分かっている。したがって、PVAcエマルジョンの物性変化が示されていると理解してよい。

図8-4下部のグラフト効率の低いPVAcエマルジョン（A-7）の物性挙動に着目すると相対剛性率は40℃と80℃近傍で低下している。これらはPVAc相（40℃近傍）およびPVA相（80℃近傍）のガラス転移に対応するものであり、これらに対応する対数減衰率のピークが49℃および89℃に観測されている。

一方、**図8-4**上部のグラフト効率の高いPVAcエマルジョン（A-2）の相対剛性率は、PVAc相のガラス転移に起因する40℃近傍の低下は明瞭だがPVA相のガラス転移に起因する低下は不明瞭になっている。また、ガラス転移に対応する対数減衰率のピークは51℃（PVAc相）および78℃（PVA相）である。PVA相のガラス転移に起因する対数減衰率のピークを比較するとA-2はA-7と比較して10℃以上低温側にシフトしており、A-2のピークはA-7と比較してブロードになっている。

PVAcエマルジョンの被膜はPVAc相とPVA相の二層構造であるが、両相間の相互作用・親和性が大きいほど互いのガラス転移点は近づくことが知られている。すなわち、より低温側にあるPVAc相のガラス転移点はPVA相との相互作用・親和性が大きいほど高温側にシフト（49℃→51℃）し、PVA相のガラス転移点は低温側にシフト（89℃→78℃）する。

PVAcエマルジョンの被膜ではPVAc相の質量がPVA相の質量と比較して非常に多いので、PVAc相の高温シフトは少ない

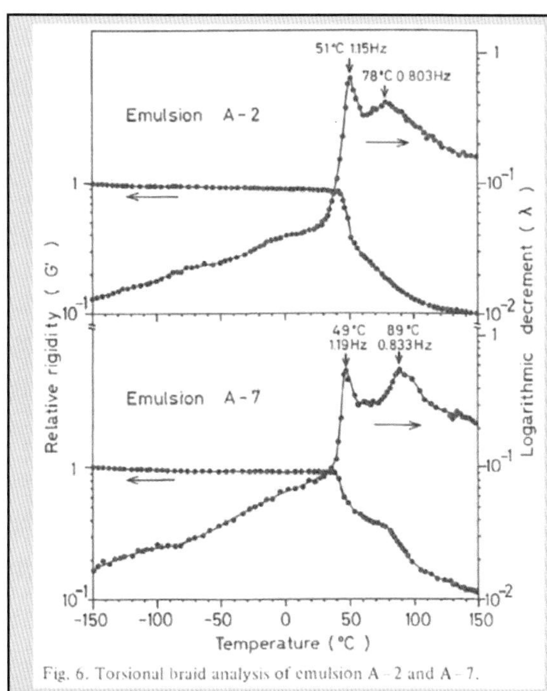

51°C 1.15Hz
78°C 0.803Hz
Emulsion A-2
49°C 1.19Hz
89°C 0.833Hz
Emulsion A-7
Relative rigidity (G')
Logarithmic decrement (λ)
Temperature (°C)
Fig. 6. Torsional braid analysis of emulsion A-2 and A-7.
ポリ酢酸ビニルエマルション皮膜の動的粘弾性挙動に与えるグラフト効率の影響
1. グラフト効率の高いポリ酢酸エマルションではPVAcおよびPVAのTgに対応する減衰率のピークがそれぞれ51℃および78℃である。
2. グラフト効率の低いポリ酢酸エマルションではPVAcおよびPVAのTgに対応する減衰率のピークがそれぞれ49℃および89℃である。
3. 1と2はグラフト効率が両相を結合していることの証左。
K. Motohashi, B. Tomita, and H. Mizumachi "Relationship between Chemical Properties of Poly(Vinyl Acetate) Emulsion Adhesives and Tensile Strength for Cross-Lap Joint of Wood", Holzforschung Vol. 36, PP. 183-189 (1982)

図8-4　最終講義「Bonding and Cross-Linking」スライド34/151

が、PVA相については（質量比の大きいPVAc相に影響を受けて）低温側へのシフトが顕著にみられる。また、PVA相のガラス転移に起因するピークがブロードになることは、グラフト効率の高いPVAcエマルジョン被膜ではPVA相中のPVA-PVAcグラフトポリマーの影響度が大きく、グラフトしていないPVAの影響が見えにくくなっているものと解釈できる。

PVA相に由来する対数減衰率のピークが10℃以上低温側にシフトしたということは高分子物性の相場観から言えば、明確な相互作用・親和性の大きさと考えられることを付記しておきたい。

第9章
木材とPVAcエマルジョンとの相互作用

本章では、PVAc エマルジョンの木材接着強さについて、木材と PVAc エマルジョンとの相互作用の観点から検討した内容について説明する。

木材とポリマーとの相互作用については、私の指導教官であった水町浩教授（元日本接着学会会長）が、以下のような発見を行っている。水町は、木材片に様々な接着剤ポリマーの希薄溶液を含浸した後に乾燥して作製した、木材－ポリマー複合系の動的粘弾性挙動を測定した。そして、含浸したポリマーの主分散温度（ガラス転移点）がポリマー本来の主分散温度（ガラス転移点）より高温側に出現することを見出した[1)]。水町は、種々の計算を行い、この現象は木材がその近傍にあるポリマー鎖の運動を拘束している（相互作用を及ぼしている）ことに起因すると解釈した。例えば、ポリマーに無機系充填材を添加すると、ポリマーのガラス転移点は上昇する。この現象は無機系充填材がポリマー鎖の運動を拘束するためと考えられている。したがって、木材がポリマー鎖の運動を拘束すること自体は珍しいことではない。更に、水町は、組成を種々に変化させたポリマーを用いて実験を行い、「木材にポリマーが拘束される度合いは、木材とポリマーのＳＰ値（Solubility Parameter：溶解度パラメーター）が近接しているほど大きい」ことを発見した[1)]。

ここまで読んで、第４章の**図 4-2**「似たもの同士はよく接着する」を思い出した読者がいれば敬意を表したい。すなわち、水町の発見は、第４章の**図 4-2**「似たもの同士はよく接着する」に繋がっている。このような経緯を踏まえて、私は木材と PVAc エマルジョンとの相互作用を検討するために実験を行った。

先ず、木材とポリマーとの相互作用について、もう一度説明したい。**図 9-1** に簡単な模式図を示した。左側のポリマーは木材に拘束されている状態であり、右側はバルク状態（界面と接していない、まとまった状態）のポリマーを示している。ポリマーは、低温ではセグメントのミクロブラウン運動が凍結されていてガラス状態にある。温度が上昇して、ポリマーに特有の温度に到達すると、セグメントのミクロブラウン

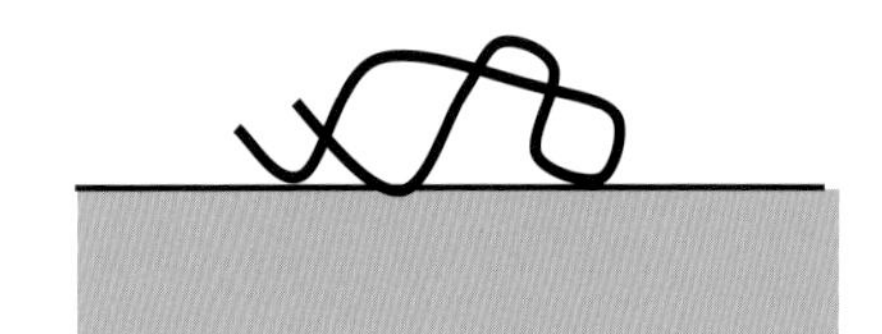

木材表面に拘束された高分子

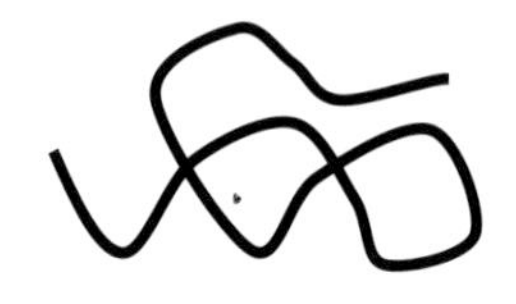

バルク状態の高分子

図9-1　木材による高分子の拘束

運動が始まり、ポリマーはガラス状態からゴム状態へ転移する。この温度がガラス転移点と呼ばれるものである。水町の発見では、右側のバルク状ポリマーに関しては、ポリマー本来のガラス転移点でミクロブラウン運動が開始されるが、左側に示す木材表面に拘束されたポリマーに関しては動きにくいため、バルク状ポリマーのガラス転移点より少し高温側でミクロブラウン運動が開始される。すなわち、木材に拘束されたポリマーのガラス転移点はバルク状ポリマーのそれより若干高温側に出現する。

図 9-2 をご覧いただきたい。**図 9-2** は木材に（PVAc エマルジョンではなくて）、（アセトンを溶媒として PVAc エマルジョンフィルムからソックスレー抽出した）溶剤形 PVAc を含浸することにより作製した、木材－PVAc 複合系の動的粘弾性挙動を示している。**図 9-2** の縦軸は木材－PVAc 複合系の損失弾性率（E''）を、横軸は温度を示している。

二つの木材－PVAc 複合系（AとB）について挙動を示しているが、AとBに含浸させている溶剤形 PVAc は同一である。AとBで異なるのは、PVAc の含浸率（P.L.）であり、複合系AはP.L. 13.7%、複合系BはP.L. 50.0% である。広く知られているように、E''のピーク温度は PVAc のガラス転移点に対応している。**図 9-2** において、PVAc のガラス転移点（厳密には、ガラス転移点に対応するE''のピーク温度）は、複合系Aに関して約 60℃、複合系Bに関して約 50℃となっている。

図 9-2 に示される現象は、以下のように解釈できる。すなわち、複合系BはP.L. が 50.0% と高い値であり、（木材に拘束され

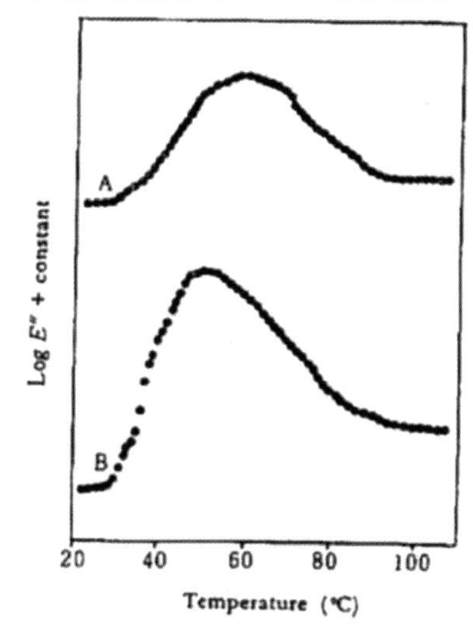

A
B
Log E'' + constant
20 40 60 80 100
Temperature (℃)
Fig. 4 Temperature dependencies of the loss modulus E'' at 110 Hz for wood-PVAc composites (P.L.: A 13.7, B 50.0%). PVAc: $\overline{M}_n$ = 2.82×10^4, $\overline{M}_w$ = 1.02×10^5, $\overline{M}_w/\overline{M}_n$ = 3.61
木材ーポリ酢酸ビニル複合系の動的粘弾性挙動
1. P.L.50%の場合、PVAcのTgに対応するE''の吸収ピークが50°Cに出現する。一方、P.L.13.7%の場合、PVAcのTgに対応するE''の吸収ピークが60°Cに出現する。
2. 低含浸率（P.L.13.7%）では木材に拘束されるPVAcの割合が大きく、Tgに対応する吸収ピークが60°Cに出現する。
本橋健司、富田文一郎「木材ーポリ酢酸ビニルエマルジョン接着剤複合系の動的粘弾性」木材学会誌 Vol. 26, PP. 87-96 (1980)

図9-2　最終講義「Bonding and Cross-Linking」スライド35/151

たPVAcを含んでいるものの、それ以外の木材表面から離れて拘束されていない）バルク状PVAcの割合が高い。したがって、ガラス転移点はバルク状PVAcのそれに近い50℃近傍となっている。また、ポリマー量も多いためにE"ピークが相対的に大きくなっている。一方、複合系AはP.L.が13.7%と低い値であり、木材表面に拘束されているPVAcの比率が相対的に高いと考えられる。したがって、複合系Aに出現するガラス転移点は、木材に拘束されたPVAcの影響が大きく、複合系Bと比較して高温側に出現している。また、複合系Aに出現するE"ピークが複合系Bと比較して小さく、その分散の幅が広がっていることも拘束されたPVAcに対応していることを裏付けている。すなわち、**図9-2**に示した木材－PVAc複合系の動的粘弾性挙動については、水町の報告と同様の現象を確認できた。

図9-3に、木材にPVAcエマルジョンを含浸させた3種類の木材－PVAcエマルジョン複合系（●、▲、■）の動的粘弾性挙動を示す。右側縦軸と横軸は**図9-2**と同様である。なお、**図9-3**に示した木材－PVAcエマルジョン複合系のP.L.は●37.0%、▲67.0%、■56.8%であり、すべての複合系で高いP.L.となっている。水町の報告や**図9-2**から予測できるように、P.L.の高い木材－ポリマー複合系では、木材に拘束されないバルク状ポリマーの比率が高いので、バルク状ポリマーのガラス転移点に由来するE"ピークが出現する筈である。そして、予測どおりに、3種類の木材－PVAcエマルジョン複合系すべてに関して、50℃近傍にバルク状PVAcのガラス転

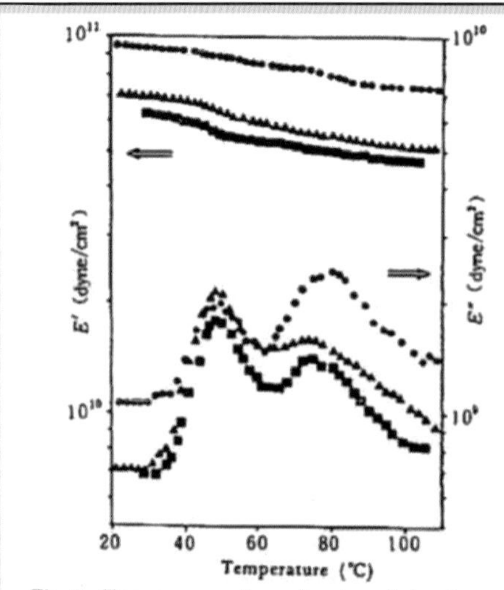

木材ーポリ酢酸ビニルエマルション複合系の動的粘弾性挙動

1. P.L.が高い系でもバルクPVAc吸収ピークとは別に拘束PVAc吸収ピークが明瞭に観測される。
2. 拘束PVAcの吸収ピークはエマルションの種類によって異なる。
3. この拘束PVAcは木材細胞壁に拘束されたPVAcではなく、木材とPVAc相間に介在するPVA相の作用により分子運動が拘束されたPVAcに対応する吸収ピークと考えられる。

本橋健司、富田文一郎「木材ーポリ酢酸ビニルエマルジョン接着剤複合系の動的粘弾性」木材学会誌 Vol. 26, PP. 87-96 (1980)

図9-3　最終講義「Bonding and Cross-Linking」スライド37/151

移点に由来するE''ピークが出現している。

ところが、**図9-3**に明らかなように、すべての木材－PVAcエマルジョン複合系について、P.Lが高いことにも関わらず、50℃近傍のバルク状PVAcに起因するE''ピークとは別個のE''ピークが高温側（70℃～80℃）に明瞭に出現している。この結果に、驚いた記憶がある。高いP.L.を有する木材－ポリマー複合系の動的粘弾性挙動を測定して、拘束されたポリマーのガラス転移点に由来するE''ピークが出現するという現象は、それまで報告されていなかった。それでは、高温側（70℃～80℃）のE''ピークは何に由来するものだろうかという疑問が生じる。可能性の高い仮説として、①「PVAcエマルジョン中の乳化剤であるPVAに由来するE''ピークである」と、②「高いP.L.であっても、拘束されたPVAcに由来するE''ピークが明確に出現している」の二つが考えられる。

話が、多少、専門的且つ複雑になるので詳細は省略する。興味があるなら文献[2)]を参照して頂きたい。以下に示すような実験を行って、「高いP.L.であっても、拘束されたPVAcに由来するE''ピークが明確に出現している」という結論に到達した。

①PVA被膜の動的粘弾性挙動を測定した結果、測定周波数110Hzで85℃にE''ピークが観測された。

②木材－PVA複合系の動的粘弾性挙動を測定した結果、PVAに由来するE''ピークは明瞭には観測されなかった。

③P.L.を変化させた木材－PVAcエマルジョン複合系（P.L.7.0%～P.L.37.0%）の動的粘弾性挙動を測定した結果、いずれのP.L.でも高温側E''ピークは明瞭に観測された。

④PVAを使用せずにイオン性界面活性剤であるSDBS（ドデシルベンゼンスルホン酸ナトリウム）を乳化剤としたPVAcエマルジョンを合成し、そのPVAcエマルジョン使用した木材－PVAcエマルジョン複合系の動的粘弾性挙動を測定した結果、高温側E''ピークが70℃近傍に明瞭に観測された。

⑤測定周波数を変化させて、木材－PVAcエマルジョン複合系およびPVA被膜の動的粘弾性挙動を測定し、各E''ピークに対応するガラス転移過程の見掛けの活性化エネルギーを求めた。その結果、PVAcエマルジョン中のバルク状PVAcでは約80kcal/mol、PVA被膜（バルク状PVA）では約110 kcal/mol、高温側E''ピークでは約70kcal/molであった。〔高温側E''ピークがPVAに由来するなら、見掛けの活性化エネルギーは約110kcal/molに近い値の筈である。しかし、測定結果は、バルク状PVAcに由来する見掛けの活性化エネルギー（約80kcal/mol）に近い値である約70kcal /molとなった。〕

結論として、高温側E''ピークはPVAに由来するものではなく、拘束されたPVAc（厳密に言えば、PVAcエマルジョン被膜の連続相に存在するPVAが先ず木材に拘束され、そのPVAを介して、分散相のPVAcが拘束される）に由来することが明らかとなった。

第8章にも示したが、**図9-4**をもう一度ご覧いただきたい。PVAを乳化剤としたPVAcエマルジョンを含浸した木材－PVAcエマルジョン複合系では、木材表面にはPVAの連続相が形成される。したがって、分散相であるPVAcは、PVA連続相を介して、木材との間に相互作用を及ぼしあう。水町が発見したように、ポリマーの拘束度合いは、お互いの

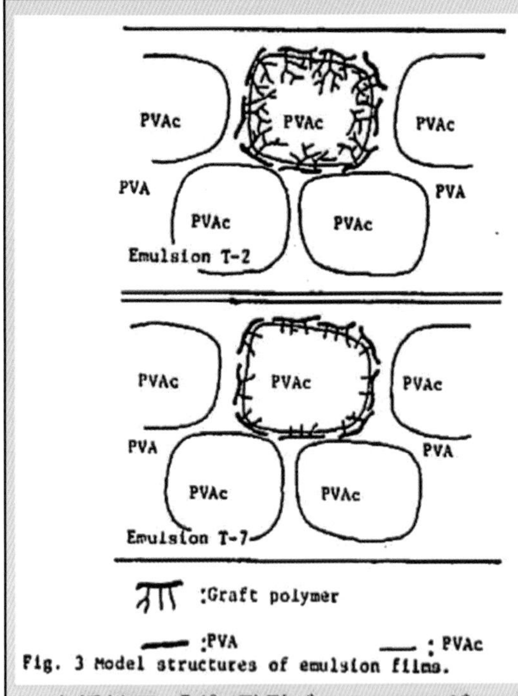

ポリ酢酸ビニルエマルション皮膜の構造と拘束PVAcの吸収ピーク出現温度

1. グラフト効率の高いポリ酢酸エマルションではPVAcの分岐も多い。
2. 乳化剤PVA相(連続相)とPVAc相(分散相)は両者間のグラフト反応により強固に結合している。
3. PVAcは乳化剤PVA相を介在して、木材に拘束されており、グラフト効率が高いほど強く拘束されている。

本橋健司「ポリ酢酸ビニルエマルジョン接着剤の皮膜構造と木材に対する接着性能」日本建築学会大会梗概集　材料施工　PP. 335-336 (1981)

図9-4　最終講義「Bonding and Cross-Linking」スライド40/151

ＳＰ値が近いほど大きい。文献を調べてみると、木材(セルロースと見做す)、PVA、PVAcのＳＰ値は順に15.7、12.6、8.8～11.1〔$(cal/cm^3)^{0.5}$〕と報告されている。したがって、木材は(SP値の近い)PVAを拘束しやすい。また、木材に拘束されたPVAのSP値(12.6)は木材(SP値15.7)と比較して、PVAc(SP値8.8～11.1)に近い。したがって、PVAがPVAcを拘束する度合いは、木材がPVAcを直接的に拘束する度合いよりも大きいと考えられる。

以上のことから、**図9-3**に示される50℃近傍のE''ピークはPVAcエマルジョン中のバルク状PVAcに由来するものであり、高温側(70℃～80℃)に出現する明瞭なE''ピークは木材とPVAc相の間に介在するPVAの相互作用により強く拘束されたPVAcのガラス転移に由来するものであると考えられる。

最後に**図9-5**をご覧いただきたい。縦軸は、各木材－PVAcエマルジョン複合系における拘束されたPVAcに由来するE''ピーク温度(70℃～80℃程度)である。横軸は各PVAcエマルジョンのグラフト効率である。両者間には高い正の相関が認められる。

今までの説明で理解できるが、縦軸に示したE''ピーク温度はPVAcの拘束度合いに対応している。すなわち、E''ピーク温度が高いほどPVAcの拘束度合いが強いことを意味している。したがって、**図9-5**から、PVAcはPVA連続相を介して木材に拘束されているがその拘束度合いはPVAとPVAcとの間のグラフト効率に大きく依存していることが理解できる。換言すると、グラフト効率の大小により、拘束PVAcのガラス転移点に対応するE''ピーク温度は70℃から80℃の間で変化している。これ

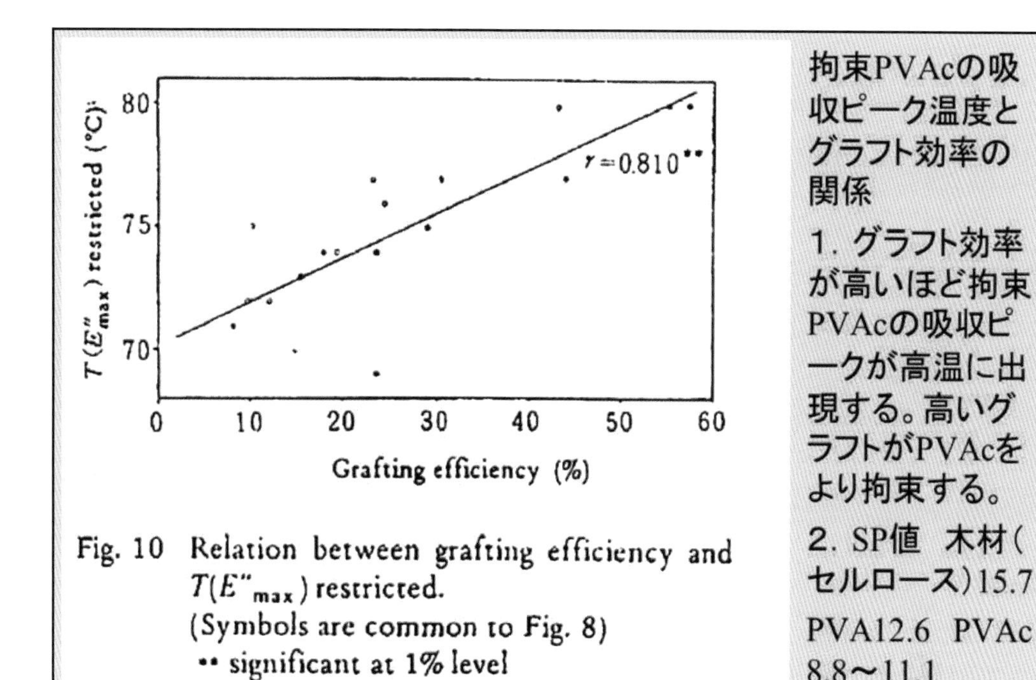

図9-5 最終講義「Bonding and Cross-Linking」スライド38/151

は、相互作用の大きさがグラフト効率の影響を受けていることを意味している。

PVAcエマルジョンのグラフト効率は、第7章で説明したように、PVAcエマルジョンの接着層の強さおよび接着強さに支配的影響を与えている。それだけでなく、今回説明したように、グラフト効率はPVA相を介した木材とPVAcとの相互作用にも支配的な影響を与えていることが明らかとなった。

【参考文献】

1）水町浩：「木材とポリマーとの複合系における素材間の相互作用について」日本接着協会誌 Vol.11、No.1、p.17～23（1975）

2）本橋健司、富田文一郎：「木材－ポリ酢酸ビニルエマルジョン接着剤複合系の動的粘弾性」木材学会誌 Vol.26、No.2、p.87～96（1980）

第10章
接着強さの温度依存性そして博士論文

今まで、PVAcエマルジョンの木材接着強さおよびPVAcエマルジョンと木材の相互作用について説明してきた。今回は、Bondingの最後である。PVAcエマルジョン接着強さの温度依存性について解説する。第4章「接着理論」で部分的に触れているが、今回まとめて紹介する。

図10-1をご覧いただきたい。上段のグラフは、PVAcエマルジョン被膜の引張り強さを－100℃～＋120℃の範囲で示している。下段のグラフは被膜破断時の引張り伸び率を示している。PVAcエマルジョンのガラス転移点は35℃付近にあり、それ以下の低温領域ではPVAcエマルジョン分子鎖のミクロブラウン運動は凍結されてガラス状態にある。ガラス状態では、引張り強さはほぼ一定となり、被膜の破断伸び率も小さい。そして、温度がガラス転移点に近づくと、破断伸び率は上昇し、引張り強さも上昇する。ガラス転移点を通過すると、PVAcエマルジョン被膜は流動状態となり凝集力が低下する。したがって、ガラス転

全温度領域にわたって、酢ビエマルション接着剤Aが酢ビエマルション接着剤Bよりも被膜引張り強さが高い。

→後述するエマルション構造の差異

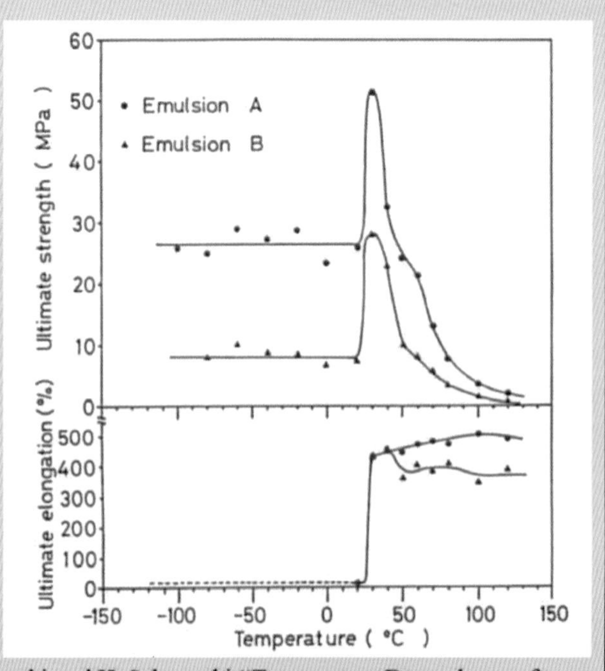

K. Motohashi, B. Tomita, H. Mizumachi and H. Sakaguchi "Temperature Dependency of Bond Strength of Polyvinyl Acetate Emulsion Adhesives for Wood", Wood and Fiber Science Vol. 16, PP. 72-85 (1984)

図10-1　最終講義「Bonding and Cross-Linking」スライド10/151

移点より高温領域では、引張り強さが低下する。

図 10-1 には、グラフト効率の高い PVAc エマルジョン（Emulsion A）とグラフト効率の低い PVAc エマルジョン（Emulsion B）について引張り強さと破断伸び率を示している。図 10-1 に明らかなように、グラフト効率の高い PVAc エマルジョンの被膜引張り強さは、すべての温度領域にわたって、グラフト効率の低い PVAc エマルジョンの被膜引張り強さより高い値を示している。このことは、今まで説明してきた PVAc エマルジョンの構造（図 8-1）から理解できる。すなわち、多くのグラフト重合物により PVA 相と PVAc 相とが強固に結びつけられた PVAc エマルジョン被膜は、すべての温度領域にわたって、高い引張り強さを発現する。

次に、図 10-2 をご覧いただきたい。PVAc エマルジョンで接着したクロスラップジョイント試験体（図 4-5 参照）の（面外）引張り接着強さを図 10-1 と同様な温度領域で示している。図 10-2 では、各温度において、繰返し数 12 個で接着強さ試験を行った。図 10-2 は 12 個のデータをそのままプロットしている。接着強さのバラツキは認められるものの、一定の傾向が看取できる。

すなわち、引張り接着強さは、ガラス転移点以下の低温領域では比較的低い値を示すが、ガラス転移点に近づくにつれて増大する。そして、ガラス転移点近傍で接着強さの極大を示し、その後の高温領域で接着強さは低下していく。接着強さ試験体の破断モードを観察した結果、低温領域では木部破断が少なく界面破壊が主であった。ガラス転移点付近で接着強さが極大になる

「接着剤は硬すぎてもダメ、柔らかすぎてもダメ」

1. 酢ビエマルション接着剤の木材クロスラップジョイント引張り接着強さの温度依存性

2. 酢ビエマルションのガラス転移点は35°C付近でそれより低温（主に界面破壊）でも、高温（接着剤凝集破壊）でも接着強さは低い。

3. 全温度領域にわたって、酢ビエマルション接着剤Aが酢ビエマルション接着剤Bよりも接着強さが高い。→後述するエマルション構造の差異

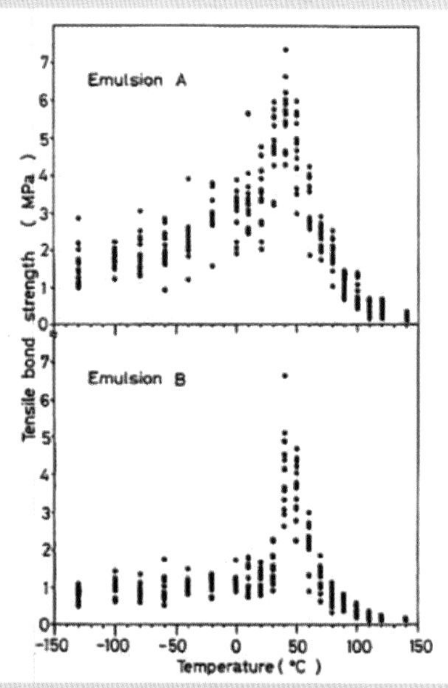

K. Motohashi, B. Tomita, H. Mizumachi and H. Sakaguchi "Temperature Dependency of Bond Strength of Polyvinyl Acetate Emulsion Adhesives for Wood", Wood and Fiber Science Vol. 16, PP. 72-85 (1984)

図10-2　最終講義「Bonding and Cross-Linking」スライド5/151

と木部破断率はやや上昇した。そして、ガラス転移点より高温領域では接着剤の凝集破壊となった。**図 10-1** に示されたように、ガラス転移点より高温では接着剤被膜の凝集力が低下する。したがって、接着剤の凝集破壊率も上昇することになる。

図 10-2 においても、**図 10-1** と同様に、グラフト効率の高い PVAc エマルジョン(Emulsion A) とグラフト効率の低い PVAc エマルジョン(Emulsion B) の引張り接着強さを比較している。被膜の引張り強さと同様に、すべての温度領域にわたって、グラフト効率の高い PVAc エマルジョン(Emulsion A) の接着強さが高くなっている。

次に、**図 10-3** をご覧いただきたい。PVAc エマルジョンで接着した引張りせん断接着強さ試験体 (**図 4-5** 参照) のせん断接着強さを示している。**図 10-3** においても、12 個のデータをそのままプロットしている。

せん断接着強さは、**図 10-2** に示したクロスラップジョイントの引張り接着強さと異なり、ガラス転移点以下の低温領域でも比較的高い値を示している。また、ガラス転移点に近づくと増大し、ガラス転移点近傍で接着強さの極大を示し、その後の高温領域で低下していく傾向は、**図 10-2** に示したクロスラップジョイントの引張接着強さと同様の傾向を示している。

せん断接着強さ試験体の破断モードを観察すると、低温領域ではクロスラップジョイントの引張り接着強さ試験の場合と異なり、木部破断が多い。ガラス転移点付近で接着強さが極大になり、木部破断率は高いが、ガラス転移点より高温領域では**図 10-2** と同様に接着剤の凝集破壊となった。

「木材接着の投錨効果」

1. 酢ビエマルション接着剤の木材に対する引張りせん断接着強さの温度依存性

2. 酢ビエマルションのガラス転移点は35°C付近で最大、それより低温(木材凝集破壊+界面破壊)でも、木材クロスラップジョイント引張り接着強さと比較すると、高い接着強さを保持している。
高温(接着剤凝集破壊)では接着強さは低い。

3. ガラス転移点領域と高温領域では、酢ビエマルション接着剤Aが酢ビエマルション接着剤Bよりも接着強さが高い。→後述するエマルション構造の差異

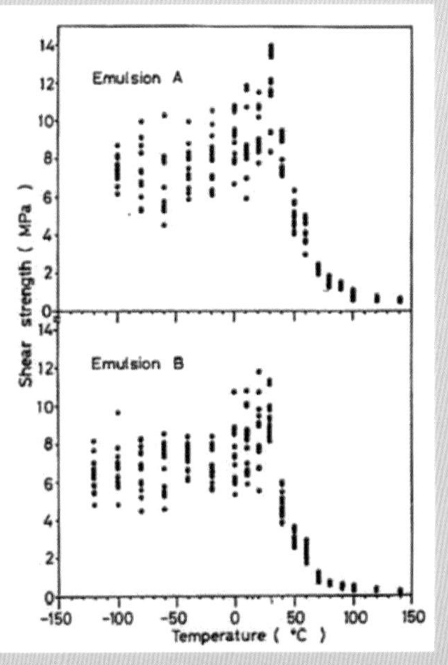

K. Motohashi, B. Tomita, H. Mizumachi and H. Sakaguchi "Temperature Dependency of Bond Strength of Polyvinyl Acetate Emulsion Adhesives for Wood", Wood and Fiber Science Vol. 16, PP. 72-85 (1984)

図10-3 最終講義「Bonding and Cross-Linking」スライド7/151

また、グラフト効率の高いPVAcエマルジョン(Emulsion A)とグラフト効率の低いPVAcエマルジョン(Emulsion B)のせん断接着強さを比較すると、すべての温度領域にわたって、グラフト効率の高いPVAcエマルジョンの接着強さが高くなっている。

以上をまとめると、次のようになる。

①グラフト重合物が接着強さを高めることは、すべての温度領域において確認できた。このことは、今回まで説明してきたグラフト効率とPVAcエマルジョン構造の関係から、合理的に理解できる。

②グラフト効率がPVAcエマルジョンの被膜引張り強さ、引張り接着強さおよびせん断接着強さに与える影響は広い温度範囲で確認された。また、グラフト効率には関係なく、温度領域により、被膜引張り強さ、引張り接着強さおよびせん断接着強さが大きく変化することを確認した。これは、温度領域によりPVAcエマルジョンの分子鎖の運動状態(弾性率)が大きく変化し、被膜引張り強さ、引張り接着強さおよびせん断接着強さに影響を与えているためと考えられる。何故なら、広い温度領域において、その他の主要な要因であるグラフト効率、木材とPVAcエマルジョンとの相互作用、接着時の濡れ性等は大きく変化してないからである。グラフト効率の影響は**図10-1**～**図10-3**の各温度において観察されているが、温度領域による変化とは独立している。グラフト効率の高いPVAcエマルジョン(Emulsion A)も低いPVAcエマルジョン(Emulsion B)も同様に温度領域の影響を大きく受けている。温度領域によりグラフト効率が変化しているわけではない。また、木材とPVAcエマルジョンとの相互作用や接着界面における濡れ性は、木材とPVAcエマルジョンのSP値(溶解度パラメーター)に影響を受けると考えられるが、SP値が温度領域により大きく変化することはない。

③以上のような結果、および私の研究室での他の実験結果から、木材に対する接着強さは、第一に、接着剤の分子鎖の運動状態・弾性率に大きく依存すると考えた。すなわち、接着強さはガラス転移点付近で最大になる(硬すぎてもダメ、柔らかすぎてもダメ)、ガラス転移点以下の低温領域では界面破壊が主体となり接着強さは低下する、ガラス転移点より高温領域では接着剤の凝集破壊が主体となり接着強さが低下すると考えた。

④**図10-3**に示したようにせん断接着強さの場合はガラス転移点以下でも接着強さは比較的高い値を示し、木部破断率も高い値を示した。すなわち、クロスラップジョイント試験体の引張り接着強さ試験と異なる傾向を示した。この点については、我々は木材－接着剤の投錨効果によるものと考えた。すなわち、せん断接着強さ試験と引張り接着強さ試験で投錨効果の大きさを比較すると、前者では効果が大きく、後者では効果が比較的小さいと考えた(第4章「接着理論」参照)。

以上が、卒論から博士課程修了までに、私が実施したBondingに関する研究である。

博士課程3年の9月頃だったと思う。研究室の先生たちが、会議室に集まり30分程度話をしていた。その後に呼ばれて、「博士論文を執筆しなさい」と言われたことを記憶している。今では、パソコンを使って執筆するが、当時は手書きである。グラフもロットリング（Rotring）で作成する。したがって、論文修正作業は大変である。また、博士論文専用の原稿用紙を大学生協に購入しにいった記憶もある。

種々書きたいこともあるが、脱線はしたくない。それでも、一つだけ、読者に書いておきたい。博士論文の執筆を開始した。研究の内容はほとんど学術誌に投稿していた。したがって、それらをつなぎ合わせれば、博士論文になるだろうと当初は簡単に考えていた。しかし、自分の考えを論理的に、客観的に、説得力を持って記述するには相当の訓練が必要であることを実感した。実験方法やグラフの書き方にも、学術的作法があり、それに準拠する必要がある。

各節ごとに先生にチェックしていただいたが（本当にありがたいことだったと感謝している）、最初の段階では、「全然、文章になっていない。」、「ひどすぎて、修正できない。」というようなコメントをいただいた。目的のため研究計画を立てて、実験を行い、結果を解析し、論文にまとめるのが研究だとすると、論文を執筆するということは、これら一連のプロセスのつながりを十分に理解して、内容を組み立てて、わかりやすく、客観的に示すことである。この能力は、一朝一夕には獲得できない。著名な論文を精読し（ゼミで読んでいるはず）、論文執筆の訓練を繰り返す必要がある。

最初は、先生のコメントに腹を立てていたが、先生のチェックを見ると、論理の進め方、考え方、主張のしかた等が徐々に理解できるようになった。赤い修正を見ただけで、先生と私では、論文記述能力が格段に違うことをまざまざと思い知らされた。悪戦苦闘して、何とか論文をまとめ上げた。繰り返すが、実験指導してもらったことも感謝しているが、最後の博士論文のチェックや推敲の過程で受けた指導は、非常に有益であったと思っている。その後も、研究発表の梗概、研究論文、委員会報告書等の執筆にあたって、多くの先輩から指導を受け、現在に至っている。

最後に、博士論文の章立てを示しておく。

「ポリ酢酸ビニルエマルジョン接着剤の木材に対する接着性能」（本橋健司）

第１章　序論

第２章　ポリ酢酸ビニルエマルジョンの諸性質と木材接着強度の関係

第３章　木材－ポリ酢酸ビニルエマルション複合系の動的粘弾性

第４章　分子量とグラフト効率が木材接着強度におよぼす影響

第５章　ポリ酢酸ビニルエマルジョンフィルムの物性におよぼすグラフト効率の影響

第６章　ポリ酢酸ビニルエマルジョンの木材接着強度温度依存性

第７章　総括

第11章
建設省建築研究所へ

第10章では、博士論文について記述した。論文執筆は博士課程修了の半年前から開始したが、論文執筆開始時点で、私の就職先は未定であった。私は、大学院修了後、研究者として働きたいと考えていた。大学院での研究生活を送る中で「やり甲斐のある仕事であり、私の性分に合致している」と考えるようになった。そもそも、第3章に記述したように、研究者になるために、就職活動をやめて大学院に進学したのである。

しかし、大学院修了後に研究者のポストに就くのは、簡単ではない。今は、いわゆる「オーバードクター問題」が顕在化したことから、私たちの時代よりある程度は改善されていると思う。

私が、大学院修了後に考えていた進路を**表11-1**に示す。可能性の高い順に、①海外でポスドク、②民間企業、③（公的研究機関）、④（大学）が考えられた。可能であるなら、大学や公的研究機関に研究職で勤務したいと願っていた。**表11-1**に（　）付

表11-1　最終講義「Bonding and Cross-Linking」スライド41/151

建設省建築研究所へ

- 大学院博士課程修了
- その後の可能性
  - 海外でポスドク、民間企業、（公的研究機関）、（大学）
- 博士課程修了6ヶ月前に建設省建築研究所への可能性
- 建設省建築研究所　第2研究部へ

きで示したのは、その可能性が殆どないことが予め分かっていたからである。すなわち、③や④のポストに就くためには、大学や研究機関に空きポストが生じて公募されることが前提条件となる。(自分がそうだとは思わないが)いくら能力を有していても、空きポストが生じない限り、公募されない。したがって、採用されることはあり得ない。逆に、空きポストが研究室に回ってくると、大学院の途中であっても採用されるケースがあった。しかし、(研究室の先生方は懸命に私のポストを模索してくれたと思うが)私が大学院を修了するタイミングでは、空きポストが生じる可能性がほとんどないことが分かっていた。

一方、民間企業に研究職として就職できる可能性はある。先生の推薦や民間企業に就職した先輩等の推薦により採用を検討してもらえたと思う。でも、私は、このような就職活動を行っていなかった。

私が決めていたのは、海外の大学や研究所で、postdoctoral fellowship を得て、研究することである。いわゆる、ポスドクである。現在は日本でもポスドクの制度が拡張されているが、当時は海外でポスドクの道を探すのが標準的コースであった。海外で任期付きのポスドク生活を送り、日本にポストの空きができれば戻れる可能性がある。また、ポスドクを継続して業績を上げれば、海外でテニュア(tenure:終身在職権)を獲得することもできる。

海外の postdoctoral fellowship を得るためには、自分の履歴書、先生の推薦状、業績リスト等を英文で準備し、希望する(そして研究費のありそうな)海外の先生に application letter を送付する必要がある。その準備を始めていた。

博士課程を修了する段階で、初めて、父から「就職はどうなるのか?」と質問された。私は「日本で就職できそうもないので、多分アメリカに行くことになるだろう」と回答した。父は、仕方ないと考えたらしく、何も言わなかった。

その頃であった。研究室の先生から「つくばに建設省建築研究所という研究所があり、来春から採用できる博士号を持つ材料研究者を募集している。君が応募したらどうか?」という話が突然に舞い込んだ。**表11-1**の③公的研究機関の公募が突然に見つかったのである。

林産学科の先輩で建築研究所に勤務していたA先生がS大学に転出することになり、建築研究所の第2研究部(建築材料研究部)のポストが一つ空席になり、研究者を公募することになった。私の所属していた林産学科は、昔から建築研究所とは人事交流があった。転出することになったA先生は林産学科木材物理学研究室の出身であったし、私と修士課程で同学年だったS君(木質材料学研究室)は修士修了後に建築研究所に就職していた。また、駒場時代からの級友である木質材料学研究室出身のY君も、後年、大学を経て建築研究所に転入してきた。現在の建築研究所にも林産学科の後輩は在籍している。

応募の前にA先生と会う機会があった。私は、木材研究者でないとは言わないが、Bonding の研究を進めてきた。そのことをA先生に尋ねたら、「材料研究では化学的知識を有する研究者を希望している。心配することはない。君が研究してきたことを堂々と説明すればいい。」とおっしゃっていただいた。それからもう一つ、「面接のときに、今泉先生を知っているかと尋ねられるかもしれない。その時には、よく存じていますと答えるように。」とアドバイスを受けた。

今泉勝吉先生は林産学科の大先輩で建築研究所の第２研究部長、研究調整官を務め、当時は、工学院大学教授であった。私は、建築研究所に入所してから、種々のプロジェクト研究や委員会を通じて、今泉先生から多大な指導を受けることになるのだが、この時点では名前を聞いたことがある程度だった。面識はなかった。私がＡ先生に「よく知らないのですが。」と言ったら、「大丈夫だから。とにかく良く知っていますと答えなさい。」と言われた。実際の面接では、そのような質問はなかったのだが、なんとなく心強かった。

私は、以上のような経緯で建設省建築研究所に研究員として採用された。1981年４月１日午前に霞が関の建設省で辞令をもらい、午後につくばの建築研究所に移動して挨拶を行い、翌日から１週間、代々木で人事院による上級国家公務員研修を受け、その後、小平市の建設大学校で１か月間の建設省の研修を受けた。時々、「国家公務員試験を受験したのですか？」と聞かれることがある。一般に、公務員に採用されるためには、公務員試験を受験して合格する必要がある。私と一緒に公務員研修を受けた殆どの人たちは、上級国家公務員試験の合格者であった。ところが、私は公務員試験を受けていなかった。（すいません。）でも、不正な方法で建築研究所に採用されたわけではないので、解説しておく。専門性の高い研究職での公務員採用などでは、選考採用という制度がある。例えば、私が建築研究所に入所した時は、５人の研究員（全員、博士）が採用された。１名は国家公務員試験合格者であったが、私を含む残りの４人は選考採用で採用された。わかりやすく言うと、大学の先生と同様である。国立大学の先生は、通常、公務員試験は受験していない。しかし、国家公務員である。選考採用は、（専門性が要求される）空きポストが生じたときに、業績等をもとに採用者を選考するシステムであり、業績リスト等をもとに書類選考し、さらに、面接選考を経て採否が決定される。私の場合も、一応、複数の候補者の中から選考により採用されたのである。

いろいろな人から、直截に、あるいは、婉曲的に、「どうして、建築研究所で働くことになったのですか？」と聞かれることがある。私が建築研究所に入所した経緯は以上のようなものである。かなり詳しく解説したつもりである。この程度でご容赦願いたい。

「運命の巡り合わせ」というのとは少し異なる気がするが、建築研究所にポストを得られたことが、その後の人生を決定づけた。今になって思うと、非常に幸運であったと感謝している。

第12章
外装材料・部材の劣化メカニズム
その1：分光比反射率曲線の変化から観た変退色評価

本章から建築研究所（以下、建研）および芝浦工業大学における研究活動について述べる。木材接着から建築材料の分野へ、Bondingのパートから Cross-Linkingのパートに移行することになる。しかし、簡単に移行できたわけではない。建研に入所してしばらくは、どのようなスタンスで、どのような研究課題に取り組むべきか悩むこととなった。今回を含め数回にわたっては、移行期間ともいうべき時期の研究について紹介したい。したがって、まだCross-Linkingのパートに至っていない。また、今回以降の研究は、建築分野で発表してきたものである。読者の中には「知っている」という方もおられると思うが、最終講義なのでご容赦願いたい。

さて、木材接着から建築材料の分野への移行で悩んだことは確かである。詳細は記述しないが、さほど悲観的ではなかったし、落ち込んだわけでもなかった。むしろ、木材接着時代（大学院時代）と異なる環境に移行することは、興味深く、且つ、楽しかった。合理的に説明するのは難しいのだが、悲観的でなく、落ち込まずに移行できた理由は、建研に入ったからだと思っている。重要なことなので、述べておきたい。以下に述べる建研の3つの長所によって、建築材料研究への移行が上手にできたと考えている。

【その1】建研の研究員は独立した個室を与えられる。研究者として独立しているのである。個室は陸軍技術研究所時代からの伝統であると聞いたことがある。私も個室を与えられた。建研入所後、大学の出身研究室に顔を出した時、個室を与えられ、非常勤職員を雇用していることを話すと、先生方が「早すぎるのではないか。立派になったものだ」と半分苦い顔をしていたのを覚えている。（すいません。）

個室は外形上の話である。しかし、外形が示すように建研では研究員の独立性が尊重されている。研究員が研究課題を提案して、所長以下幹部のヒアリング（5～10分程度／課題）を受け、研究予算を配分されて研究し、成果について評価を受ける。指導教官と相談しながら研究を進めた大学院時代とは、ミッションや問題意識が異なっている。建研の研究者は独立しており、一定の制限はあるが、「他人に指図を受けることなく」、課題を選択し、研究方法を考え、成果・業績をあげていた（と思う）。

現在、建研は法人化され、国土交通大臣が示す中長期目標を達成するための研究開発を行っており、外部評価も受けている。しかし、上述した伝統は維持されていると信じている。

【その2】建研には、多士済々の研究者が在籍しており、分野を超えての意見交換が比較的容易である。研究者間の交流が活発であることは、研究所の雰囲気として、非常に重要である。以前、英国のNational Physical Laboratory（NPL）を訪問した経験がある。ニュートンのリンゴの木のNPLである。所内見学の途中で15時になった。案内者はTea Timeなので、私を引きつれMeeting Roomに直行した。同僚たちとお茶を飲みながらおしゃべりするのである。案内者曰く、「Tea Timeに同僚たちとおしゃべりすることは第一優先であり、実験を途中で切り上げてでも、施設見学案内を中断してでも参加しなくてはならない」ということであった。「お茶の時間」は、研究者がインスピレーションやアイデアを得るために大切な時間であり、多くの研究所で確保されている。

建研には正式な「お茶の時間」はなかったが、自分の仕事が一区切り着くと、タイミングを見て上司・先輩・同僚の研究室にコーヒーを飲みに乱入していた。乱入されることもしばしばあった。乱入といっても暴れるわけではない。談笑や議論をするのである。多彩な研究者のおかげで見識を広めることができた。研究刺激を得るのに貴重な時間であった。建研では分野横断のプロジェクト研究が実施されている。分野横断プロジェクトに参画すると研究部をまたいで研究者と交流できる。研究の視野を広げるのに大切である。

後年、建研から芝浦工業大学に移動したとき、大学ではこのような交流が一層活発だろうと考えた。しかし、大学の先生は多忙であり、先生の全体数も建研と比較すれば少ない。研究室間の交流はあるものの、建研時代ほどの交流は難しかった。

【その3】建研は研究情報が入手しやすい。学術雑誌のコピーや単行本の入手については不便かもしれない。つくばから東京へ出張したときに本を探すことは多かった。ここで言う研究情報というのは、海外研究機関の定期出版物や報告書等、建設省からの情報、業界からの情報等である。

時効だと考えて白状する。私は石綿含有材料への技術対策を研究しているが、第1次アスベストショック〔1980年代後半、米国EPAが提起したアスベスト全面禁止法案をきっかけに社会問題化し、日本でも教室の天井の吹付けアスベスト等が問題となった。2005年のクボタショック（第2次アスベストショック）とは異なる〕までは石綿に関する知識は皆無であった。建研の仲間から知識を得ようとしたが専門家はいなかった。そこで防火専門のY先輩と一緒に、現在のJATI協会に該当する工業会に出向き、終日レクチャーを受けた。帰りに、膨大な技術資料をいただいた。また、つくば市に近い石岡市にある某社研究所に出向きアスベスト分析や安全衛生対策の実地訓練を受けた。その後、建研にある偏光顕微鏡やX線回折装置等を利用して研究を開始したのである。それ以降、アスベストに関してはずっと以前から知っている専門家のような顔をしているのである。笑い話として公言しているが、レクチャーを受ける以前はアスベストとしか知らなかった。レクチャー後に、アスベストの種類にクリソタイル、アモサイト、クロシドライトがあることを知ったのである。

建研で研究活動を行う場合、関連情報や資料の協力が得やすいのである。企業には公開できない情報についても支障のない範囲で提供いただける。「建研の実績や評判のおかげである。君が偉いのではない。建研が偉いのだ。」と先輩からしばしば諭された。

ノスタルジックに建研の長所を述べたが、建研の恩恵を受けて、建築材料の研究へ無事に移行できた。

私の建研入所時の研究課題を**表12-1**に示す。私が入所する1年前から建設省総合

表12-1　最終講義「Bonding and Cross-Linking」スライド42/151

建築研究所での材料研究

- 合成実験や化学実験は難しい。
- 評価する建築材料の分子構造･配合･組織構造のcharacterizationが不十分。
- 製造者側の研究から使用者側の研究へ。

- 建設省総合技術開発プロジェクト「建築物の耐久性向上技術の開発（1980-1984）」
- 在来木造住宅の施工技術の体系化に関する基礎的研究（1979-1983）
- 外装材料･部材の劣化機構（ 1982-1985 ）

技術開発プロジェクト「建築物の耐久性向上技術の開発」（以下、耐久性総プロ）が開始されており、これに参加した。耐久性総プロは、私の研究に支配的な影響を与えることとなった。

耐久性総プロは所内の重要プロジェクトであり、多くの研究者が参加していた。研究者は、このようなプロジェクト研究とは別に、個別の研究課題（基礎研究と称していた）を看板として挙げる必要があった。入所１年目は「在来木造住宅の施工技術の体系化に関する基礎的研究」という課題を実施した。この課題はＳ大学に転出したＡ先生の課題を引き継いだものである。人事異動により研究課題が消滅することはない。後任の私が引き継ぐこととなった。この研究課題では、縦継ぎ柱のラミナ接合に適用するフィンガージョイントの耐疲労性について研究を行った。この研究には木材接着が大いに関係している。

入所２年目からは、自分の新しい基礎研究課題を要求し、看板を掲げる必要があった。上司の助言を参考にして、熟考を重ねた上で、研究課題名を「外装材料・部材の劣化機構」とした。**表 12-1** に示すように、建研では大学院時代のような高分子合成、化学分析、物性測定を実施することは難しいと考えていた。また、評価対象とする建築材料の分子構造、配合、組織構造等の詳細も把握できない。建築技術者が製造業者に匹敵する情報や知識を有しているのはコンクリートぐらいである。それ以外の殆どの建築材料に関して、建築技術者は材料ユーザーと同様の立場にある。

私は研究経歴からみて、素材メーカーの研究所に就職してもおかしくないと考えて

表12-2　最終講義「Bonding and Cross-Linking」スライド43/151

外装材料・部材の劣化機構　研究例

- 分光比反射率曲線の変化から見た変退色評価
- 微視的観点から見た建築用仕上塗材の劣化機構
- 動的粘弾性挙動の解析による建築用仕上塗材の脆化メカニズムの把握
- 熱重量分析によるモルタル中性化挙動の解析

いた。ところが、どのような巡り合わせなのか、素材メーカー、材料メーカーを飛び越えて、末端ユーザーに近い観点で材料研究を行うことになったのである。戸惑いはあったが、面白いといえば面白かった。この点については、別の機会に詳述したい。

課題名を「外装材料・部材の劣化機構」としたのは、次のような理由による。当時から建築材料の耐久性予測は材料研究の主要テーマの一つであり、CIB（建築研究国際協議会）やRILEM（国際材料構造試験研究機関・専門家連合）等の委員会において建築材料の耐久性予測が議論されていた。議論の中で指摘されていたのは、「耐久性予測では、材料が、使用条件下で、どのようなメカニズムで劣化するかを科学的に明確にすることが必要不可欠だ」ということである。海外の建築材料研究者（特に、耐久性研究）は、材料科学や化学分野出身が多い。そのような親近感もあり、この方向性に大賛成であった。劣化機構を明確化するためには、材料科学に立脚した劣化現象の分析が重要であり、私の今までの経験や知識も活かすことができると考えた。

表12-2に、劣化機構の観点から実施した研究例を示す。今回は**表12-2**の中から分光比反射率曲線の変化から観た変退色評価について紹介する。

図12-1をご覧いただきたい。テント倉庫用の緑色の膜材料（一般的なもので、ポリエステル繊維織布に塩化ビニル樹脂をコーティングしたもの）の屋外暴露試験とサンシャインカーボンアーク灯による促進耐候性試験における色差ΔE_{AN}（アダムス－ニッカーソンの色差）の変化を示している。**図12-1**に記述しているように、ΔE_{AN}

は、B：屋外暴露１年で2.2、C：３年で5.5、D：５年で5.4、E：促進耐候性2500時間で7.5、F：5000時間で5.8と変化している。このΔ E_{AN}の値を媒介として屋外暴露期間と促進耐候性試験時間の対応を考えるのが耐久性予測の一般的手法であるが、対応は難しい。

分光比反射率曲線は可視光領域（360～720nm）の波長ごとの比反射率を示した曲線である。すなわち、縦軸の比反射率がすべての領域で100％なら白色、比反射率がすべての領域で０％なら黒色である。膜材料は緑色なので、**図12-1**に示すように緑色の波長領域（500～565nm）で比反射率が高くなっている。この比反射率曲線からX，Y，Z値やΔ E_{AN}を求めることができるのだが、単にΔ E_{AN}を比較するのではなく、分光比反射率曲線に立ち戻って変色のメカニズムを検討しようというのが研究のポイントである。緑色の波長領域（500～565nm）周辺の比反射率に着目すると、屋外暴露試験ではA：イニシャルと比較して、緑色ピークが経時的に小さくなっているのが看取できる。詳細にみると１年、３年、５年で徐々に緑色ピークの低下割合が小さくなっている。一方、促進耐候性試験ではA：イニシャルと比較して緑色ピーク自体の大きさに変化は少ない。屋外暴露試験と異なり、全波長領域において比反射率が上昇していることが看取できる。特にA：イニシャルとE：促進耐候性2500時間との間では上昇が大きい。全波長領域にわたって比反射率曲線が上昇しているということは、膜材料が白っぽく変色することを意味している。促進耐候性試験では水アカやアルミニウム製試料ホルダーの影響等により

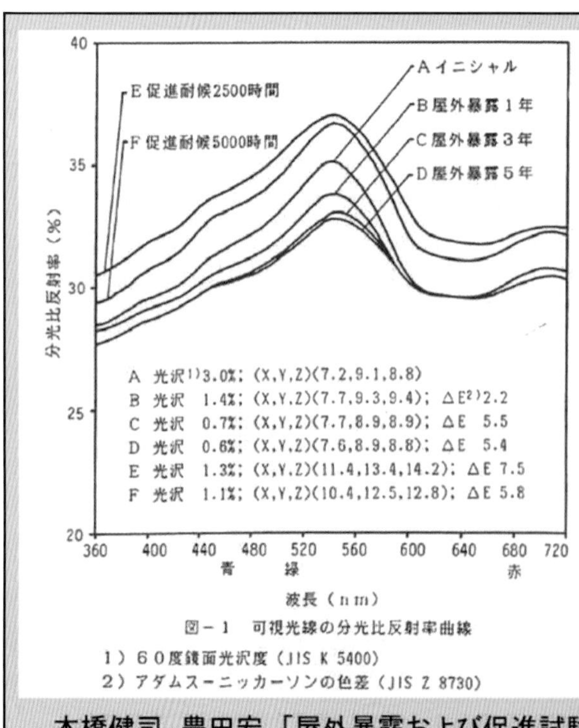

テント倉庫用膜材料の色差変化および分光比反射率の変化

1. 色差変化では促進耐候性試験（SWOM）の方が屋外暴露試験より変化が大きい。

2. しかし、緑部分の比反射率を比較すると、促進耐候性試験より屋外暴露試験の方が退色が進んでいる。

本橋健司、豊田宏「屋外暴露および促進試験によるテント倉庫用膜材料の劣化性状」日本建築学会大会梗概集 材料施工 PP. 437-438 (1981)

図12-1 最終講義「Bonding and Cross-Linking」スライド44/151

試験体が白っぽくなることを経験している。このような影響が表れていることが推測できる。

これらのことを考え合わせると、屋外暴露試験と促進耐候性試験で変色メカニズムが異なっていると推測できる。**図 12-1** の研究では、これ以上の検討はできなかった。顔料の種類により変色に影響を与える劣化因子やその影響程度も異なるが、顔料の種類は不明であった。ここで指摘したいのは、分光比反射率曲線の変化を比較、解析することによって、単に ΔE_{AN} を比較するだけでなく、変色メカニズムの同一性について検討できるということである。

同様の目的意識から、木材透明塗装の変色メカニズムについて検討した例を次に説明する。対象とした木材透明塗装仕様を**表 12-3** に示す。脱線するが、木材を素地とした屋外用透明塗装仕様は日本建築学会の JASS 18 等では推奨されていない。木目を活かす塗装としては、半透明となる木材保護塗料塗りを推奨しているのみである。それでも、一部のユーザーは、木材透明塗装を、例えば、玄関のポーチ柱や濡れ縁等に適用したいと考える。常乾形ふっ素樹脂塗料が出現し、セメント系素地や金属系素地の上塗り塗料に適用された。上述のような理由から、木材の屋外用透明塗装仕様に適用できないかと考えたのが本研究の発端である。塗料メーカー曰く、「木材塗装は難しい」の一言であった。十分理解できる意見ではあったが、試行したいという気持ちが強かった。問題は、木材の素地調整である。木材は不均一で、欠点もあり、塗膜との相性は重要である。上塗り塗料に耐候性を期待できる常乾形ふっ素樹脂塗料を適用したから全てＯＫということにはならない。予備的な検討を行ったうえで、素地調整として**表 12-3** に示す PEGMA（ポリエチレングリコールメタクリレート）処理を実施することとした。可能なら、木材表面を WPC（Wood Polymer Composite）処理したいのであるが、現場では困難である。コストも高い。そこで PEGMA 水溶液の塗付を考えた。

知られているように、PEG〔ポリエチレングルコール：HO-$(CH_2\text{-}CH_2\text{-}O)_n$-H〕は出土木材の保存に利用される。出土した木材はそのまま放置するとボロボロになる。そこで、PEG 水溶液を含浸させて、その後乾燥して保存する。ちなみに、n ＝ 2の場合の物質は、ジエチレングリコールである。不凍液に利用される。昔、ワインに混入され問題となったことを記憶している読者もおられると思う。

PEGMA は PEG とメタクリル酸メチルをエステル結合させた化合物であり、木材の寸法安定化、干割れ防止、変色（日焼け）防止等を目的に使用されている。WPC 処理は大変なので、現場で簡易に適用できる PEGMA 水溶液の塗付を採用したわけである。

研究では、**表 12-3** に示す 4 種類の試験体（A，B，C，D）を対象とし、屋外暴露試験、サンシャインカーボンアーク灯による促進耐候性試験を実施し、外観観察、光沢測定、色差測定を行った。詳細は論文を参照いただきたいが、結果概要を理解いただくために促進耐候性試験 2080 時間後の試験体外観を**図 12-2** に示した。**図 12-2** から、①常乾形ふっ素樹脂ワニスを上塗りとした試験体（A，C）はポリウレタン樹脂ワニスを上塗りとした試験体（B，D）と比較して塗膜の表面劣化が少なく、② PEGMA 処理した試験体（A，B）は PEGMA 処理の無い試験体（C，D）よりも塗膜の割れ、剥がれの少ないことが看取できる。

表12-3　最終講義「Bonding and Cross-Linking」スライド45/151

木材透明塗装の耐久性

試験体	素地調整	下塗り	中塗り	上塗り
A	PEGMA	ウレタンシーラー	サンディングシーラー　２回	ふっ素樹脂塗料
B	PEGMA	ウレタンシーラー	サンディングシーラー　２回	ポリウレタン樹脂塗料
C	なし	ウレタンシーラー	サンディングシーラー　２回	ふっ素樹脂塗料
D	なし	ウレタンシーラー	サンディングシーラー　２回	ポリウレタン樹脂塗料

本橋健司、「木材を対象とする新しい透明塗装系の耐久性評価」、日本建築学会構造系論文報告集、第458号、PP. 87-96 (1994)

促進耐候性試験2080時間後の各試験体

試験体A

試験体B

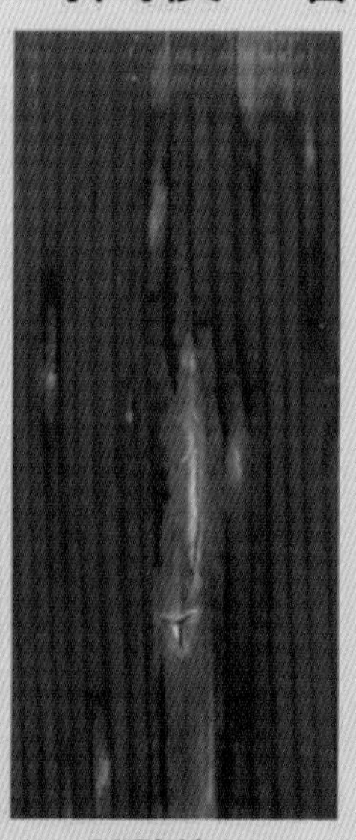

試験体C

試験体D

本橋健司、「木材を対象とする新しい透明塗装系の耐久性評価」、日本建築学会構造系論文報告集、第458号、PP. 87-96 (1994)

図12-2　最終講義「Bonding and Cross-Linking」スライド47/151

次に、4種類の試験体（A，B，C，D）の促進耐候性試験における色差（Δ E*ab）変化を**図12-3**に示す。1000時間照射後は各試験体の外観上の劣化が顕著になるため、1000時間から2000時間までの間は色差は25前後を示してバラついている。色差変化に明瞭な特徴が認められるのは、初期から1000時間までの間であり、① PEGMA処理した試験体（A，B）はPEGMA処理の無い試験体（C，D）より色差変化が少なく、② PEGMA処理した試験体（A，B）間で比較すると、常乾形ふっ素樹脂ワニスを上塗りとした試験体Aは、ポリウレタン樹脂ワニスを上塗りとした試験体Bより色差変化が少ないことが看取された。

図12-3に示したような木材透明塗装の変色に関する結果について、得られた色差（Δ E*ab）変化に基づき、屋外暴露試験期間と促進耐候性試験時間との対応（促進耐候性試験○○時間が、屋外暴露試験○年に相当する）を検討したが、結果として、合理的な対応は得られなかった。詳細は論文を参照いただきたいが、合理的に対応しない理由は分光比反射率曲線の変化を見ると理解できる。**図12-4**～**図12-6**に、試験体A（PEGMA処理あり、常乾形ふっ素樹脂ワニス上塗り）を対象とし、屋外暴露試験（**図12-4**）、促進耐候性試験（**図12-5**）、63℃加熱試験（**図12-6**）における分光比反射率曲線の変化を示した。**図12-4**～**図12-6**を比較して理解できることは、屋外暴露試験と促進耐候性試験と加熱試験では分光比反射率曲線の変化パターンが、以下に述べるように、異なっているということである。

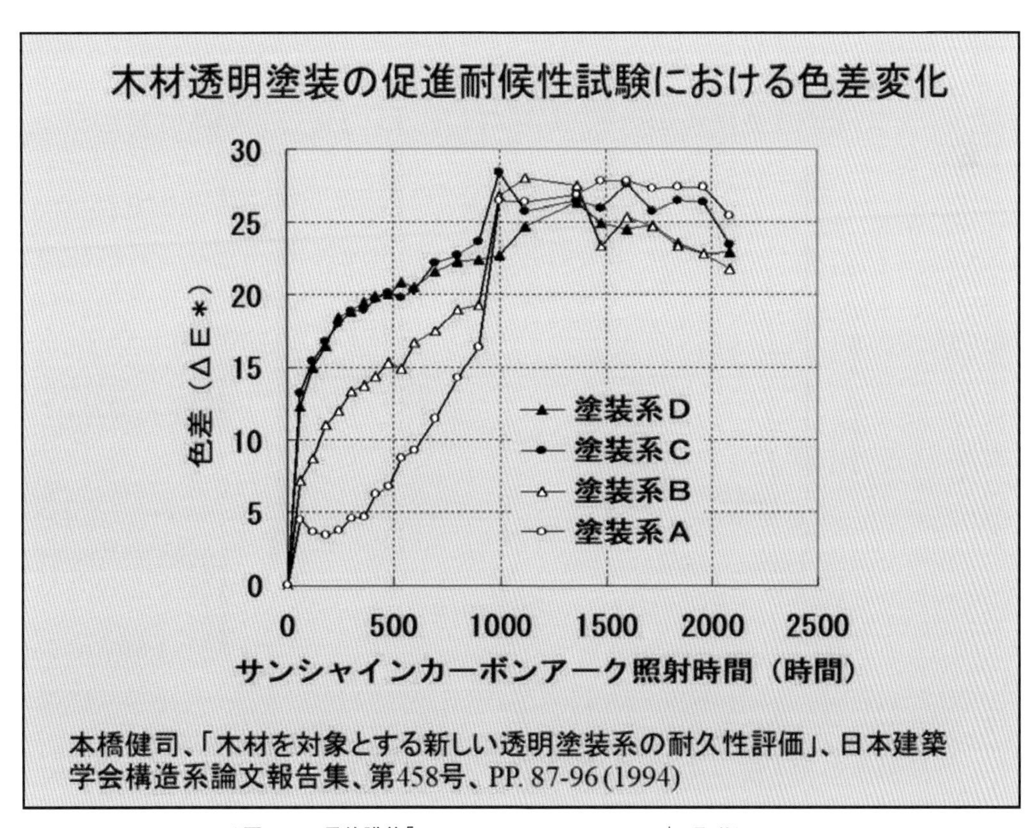

図12-3　最終講義「Bonding and Cross-Linking」スライド51/151

①屋外暴露試験では600nm周辺より長波長側での比反射率に変化が大きく、長波長側ほど変化が大きい。(**図12-4**)

②促進耐候性試験では420nm周辺から長波長側での比反射率の変化が大きく、長波長側ほど変化が大きい。(**図12-5**)

③促進耐候性試験と同様な温度である63℃加熱試験(試験体はアルミホイルで包装)では420nm周辺から長波長側での比反射率に変化が大きく、変化の大きさは420nm周辺以上でほぼ均等である。長波長側ほど変化が大きいということはない。(**図12-6**)

各試験で分光比反射率曲線の変化が異なるということは、各試験における試験体の変色メカニズムが異なることを意味している。そして、各試験における変色メカニズムが異なるならば、各試験の試験時間を科学的合理性に基づき対応付けることは困難である。必要なことは、屋外暴露試験と同様な変色メカニズムを再現できる促進試験の開発である。

木材の変色は、一般的に、含有されているリグニンや抽出成分等の化学構造が光、熱、酸化等により変化することに起因すると考えられている。しかし、その反応は非常に複雑である。今回の結果からは、屋外暴露試験と促進耐候性試験と加熱試験では同じ反応が起きていたと考えにくい。したがって、屋外暴露期間と促進耐候性時間を対応付けるのには無理があるということである。

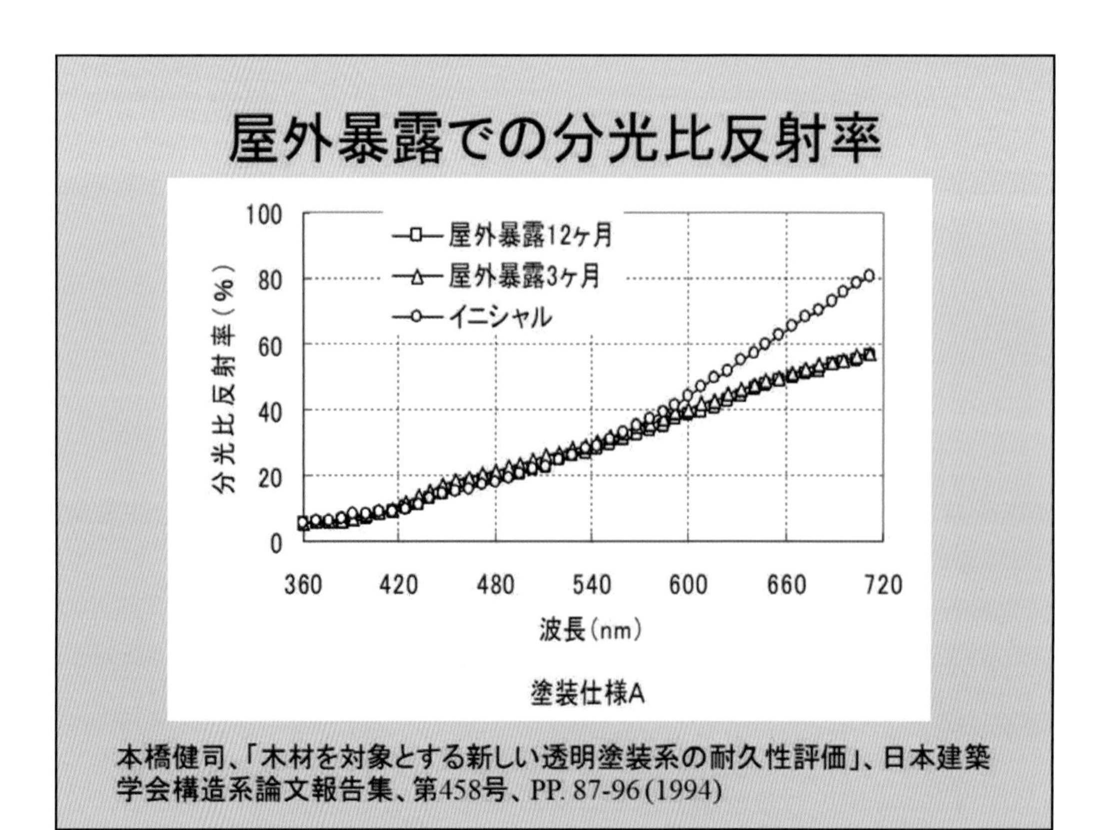

図12-4　最終講義「Bonding and Cross-Linking」スライド54/151

促進耐候性試験での分光比反射率

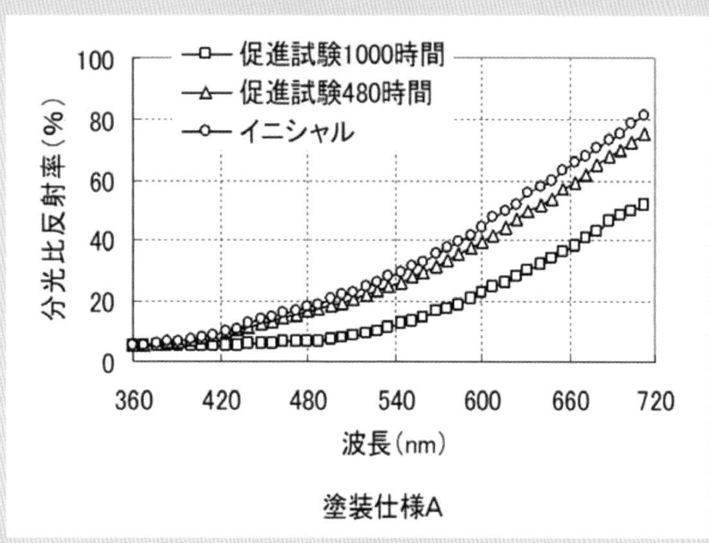

本橋健司、「木材を対象とする新しい透明塗装系の耐久性評価」、日本建築学会構造系論文報告集、第458号、PP. 87-96 (1994)

図12-5　最終講義「Bonding and Cross-Linking」スライド53/151

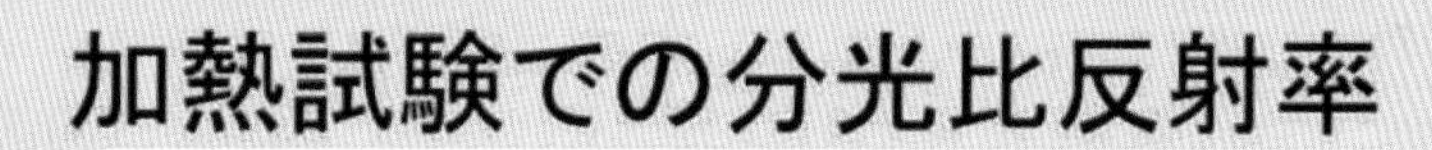

加熱試験での分光比反射率

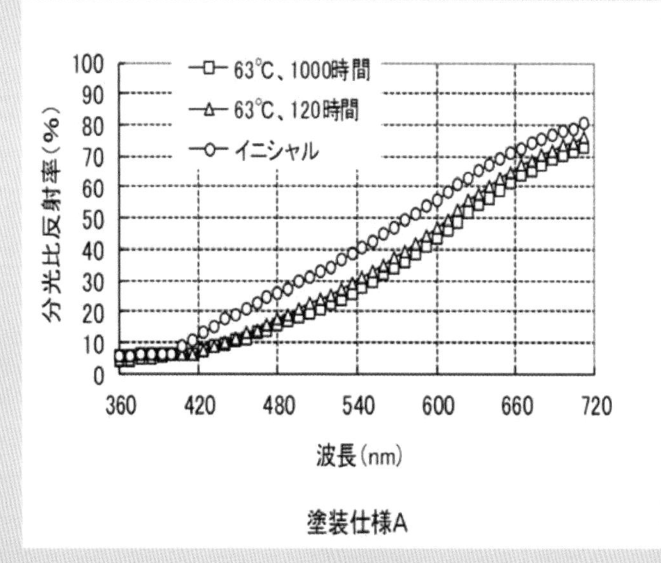

本橋健司、「木材を対象とする新しい透明塗装系の耐久性評価」、日本建築学会構造系論文報告集、第458号、PP. 87-96 (1994)

図12-6　最終講義「Bonding and Cross-Linking」スライド52/151

第13章
外装材料・部材の劣化メカニズム
その2：建築用仕上塗材の劣化過程における表面形態

材料の劣化メカニズムの観点から実施した研究の２回目として、屋外暴露および促進耐候性試験により劣化した建築用仕上塗材（以下、仕上塗材）の表面形態（Morphology）観察について紹介したい。私が建築研究所（以下、建研）に入所した時点で、耐久性総プロが実施されていたことは第12章で述べた。その一環として、建研と日本仕上材工業会は仕上塗材（その当時は、吹付材と呼称していた）の耐久性評価に関する共同研究を実施していた。共同研究では各種仕上塗材を対象として、屋外暴露試験や促進耐候性試験を継続していた。

私は、建研入所後にどのような研究機器・施設が利用できるか調べて、建築材料実験棟に走査型電子顕微鏡（以下、SEM）があり、殆ど使用されていないことを知った。いまでも覚えている。日立のS-450である。SEMを保守して立派に使用できることが確認できたので、研究に利用しようと考えた。

仕上塗材の耐久性評価のために屋外暴露試験や促進耐候性試験を実施し、外観変化（色差・光沢、白亜化、ふくれ・われ・はがれ）や付着力変化等を調べていたが、微視的観点から劣化状態を観察してみたらどうかと考えていた。そこで、仕上塗材の表面形態をSEMで観察しようと考えた。「百聞は一見に如かず」である。

図13-1から**図13-5**にSEM写真を示す。図中に示した文献のタイトルには「柔軟性を有する吹付材」と記しているが、現在の防水形複層塗材に該当する仕上塗材である。また、促進耐候性試験はサンシャインカーボンアーク灯を光源としている。なお、SEM写真に示したスケール表示は、500Uが500μm、5Uが5μmの長さを示している。SEM写真から以下のことが看取された。

【考察１】屋外暴露した仕上塗材の表面形態（**図13-1左、図13-2左、図13-3左、図13-4左**）と促進耐候性試験での表面形態（**図13-1右、図13-2右、図13-3右、図13-4右**）を比較すると、屋外暴露した仕上塗材表面では、微視的スケールにおいても劣化が均一に進行している。一方、促進耐候性試験の仕上塗材表面は、微視的スケールで観察すると劣化進行箇所が不均一な例が多く認められた。**図13-1右、図13-2右、図13-3右**に示すように、促進耐候性試験では散水処理の水滴乾燥に起因する水滴跡（Water Spot）が生じやすい。しかし、**図13-1左、図13-2左、図13-3左**に示すように、屋外暴露試験ではそのような水滴跡は生じておらず、均一に劣化している。水滴跡の発生は水の純度も影響するが、JIS規格に合致するイオン交換水を使用しても、長時間試験後には発生しやすい。また、仕上塗材表面に肉眼で観察できないピンホール等の欠陥がある場合は、促進耐候性試験においてはその欠陥が起点となって劣化が進行・拡大しやすい。

建築用仕上塗材の表面劣化形態
屋外暴露　促進耐候性

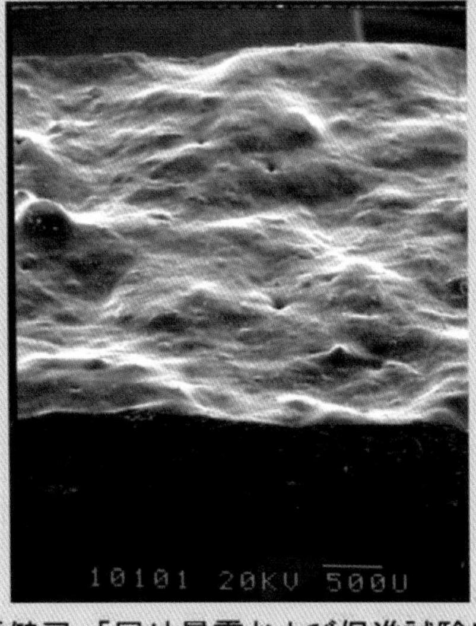

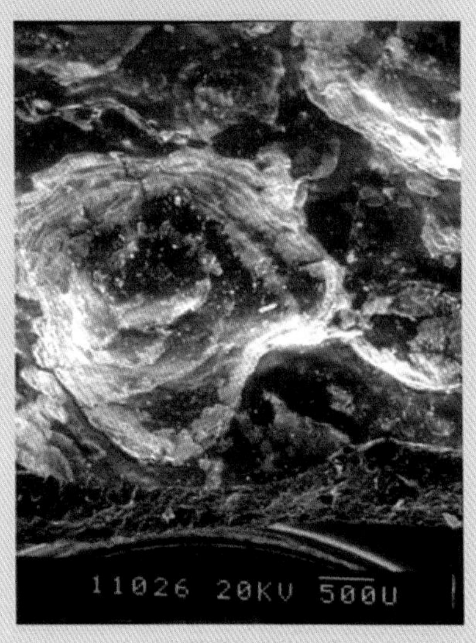

本橋健司、「屋外暴露および促進試験により劣化した柔軟性を有する吹付材の電子顕微鏡観察」、日本建築学会関東支部研究報告集、PP. 405-408 (1983)

図13-1　最終講義「Bonding and Cross-Linking」スライド56/151

建築用仕上塗材の表面劣化形態
屋外暴露　促進耐候性

本橋健司、「屋外暴露および促進試験により劣化した柔軟性を有する吹付材の電子顕微鏡観察」、日本建築学会関東支部研究報告集、PP. 405-408 (1983)

図13-2　最終講義「Bonding and Cross-Linking」スライド57/151

建築用仕上塗材の表面劣化形態

屋外暴露　　促進耐候性

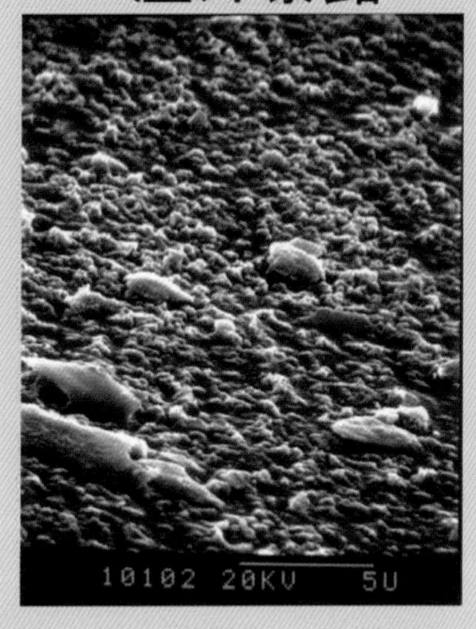

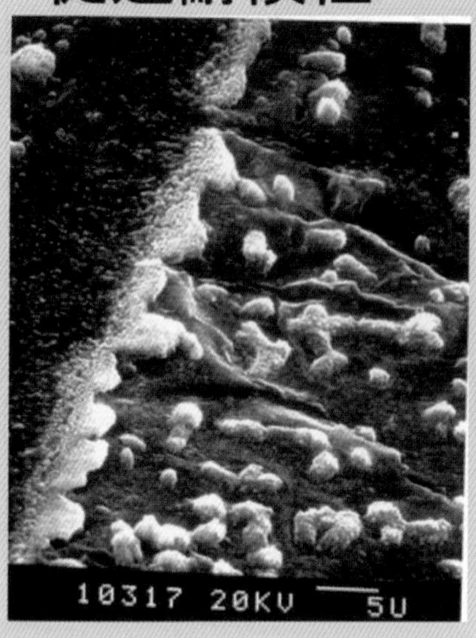

本橋健司、「屋外暴露および促進試験により劣化した柔軟性を有する吹付材の電子顕微鏡観察」、日本建築学会関東支部研究報告集、PP. 405-408 (1983)

図13-3　最終講義「Bonding and Cross-Linking」スライド58/151

建築用仕上塗材の表面劣化形態

屋外暴露　　促進耐候性

本橋健司、「屋外暴露および促進試験により劣化した柔軟性を有する吹付材の電子顕微鏡観察」、日本建築学会関東支部研究報告集、PP. 405-408 (1983)

図13-4　最終講義「Bonding and Cross-Linking」スライド59/151

図13-5　最終講義「Bonding and Cross-Linking」スライド60/151

屋外暴露試験および促進耐候性試験における試験体への照射エネルギーの模式図を**図13-6**に示す。促進耐候性試験では屋外暴露試験での照射エネルギーを短時間で付与するため、単位時間当たりに付与する照射エネルギーは屋外暴露試験よりも必然的に大きくなる。促進耐候性試験では単位時間当たりの照射エネルギーが大きいために、表面に劣化の起点が生じると、その部分から劣化が速く進行すると考えられる。一方、屋外暴露試験では単位時間当たりの照射エネルギーは相対的に少ないために、表面全体で徐々に劣化が進行すると考えられる。例えば、屋外暴露試験中の降雨により仕上塗材表面に水滴が生じたとしても、促進耐候性試験で生じるような水滴跡は発生しにくいと考えられる。実際に、屋外暴露の試験体に促進耐候性試験で認められるような水滴跡は発見できなかった。

【考察2】屋外暴露試験における表面形態の変化を観察すると、**図13-1**左では光沢が失われているように見える。これを高倍率で観察したのが**図13-3左**である。塵埃の付着も認められるが、表面樹脂の分解消失が始まり塗膜中の顔料が露出しはじめているのが観察される。さらに進むと、**図13-4左**のように表面樹脂が消失し、顔料が露出している。この表面を指触すれば、**図13-4左**に観察される無数の顔料が指に付着する。すなわち、白亜化現象である。SEM観察では、表面の劣化程度を、光沢保持率や白亜化度などの数値ではなく、画像として直接認識できる。

別の研究例であるが、**図13-7**は高耐久性樹脂塗料の促進耐候性を相対比較する目的で、サンシャインカーボンアーク灯を光源とした促進耐候性試験を5000時間実施

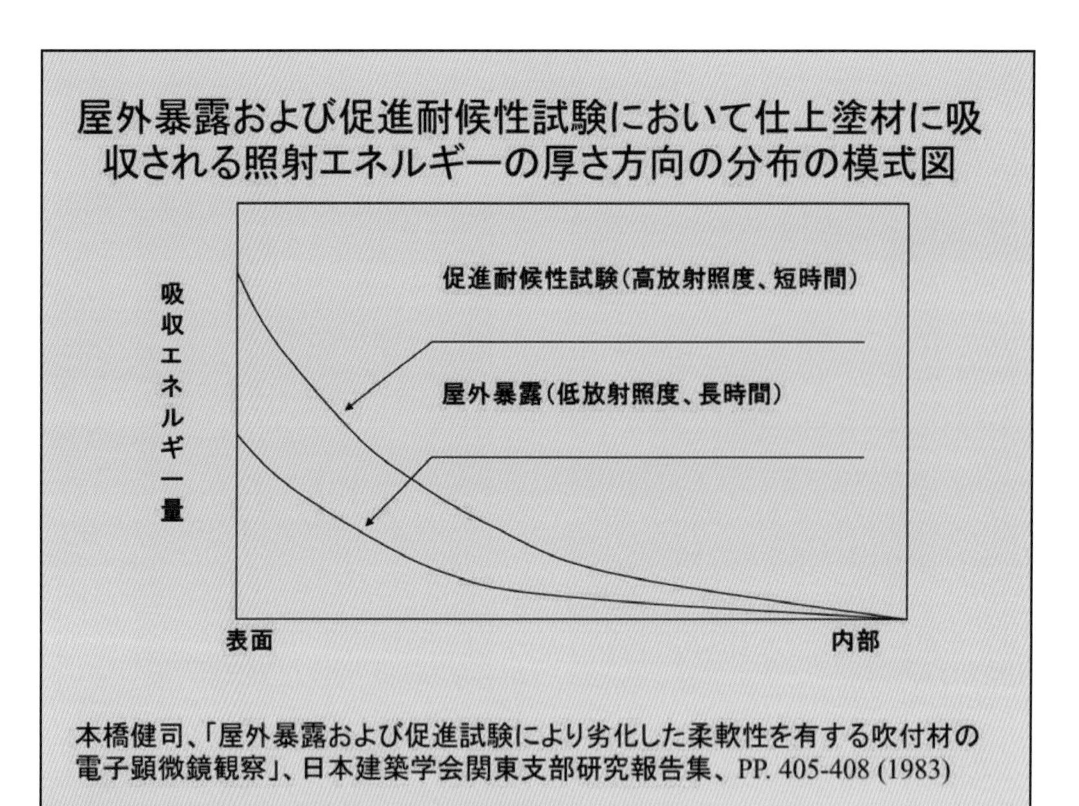

図13-6　最終講義「Bonding and Cross-Linking」スライド61/151

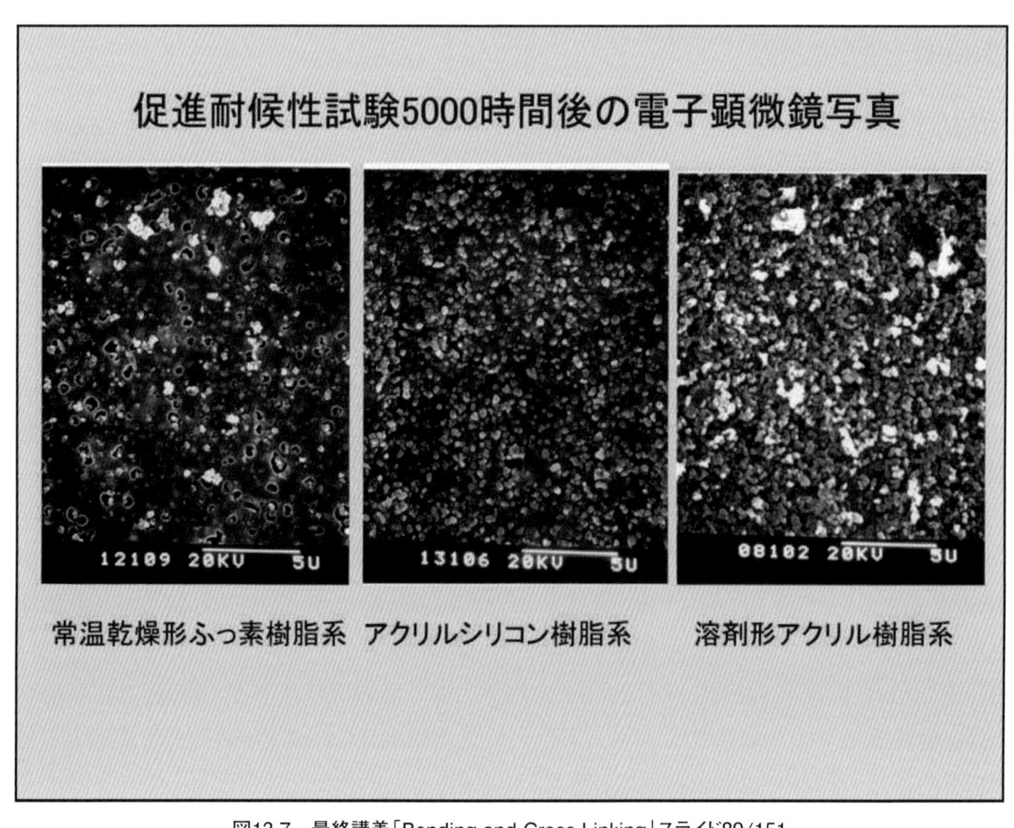

図13-7　最終講義「Bonding and Cross-Linking」スライド89/151

した後の塗膜表面のSEM写真を比較したものである。**図13-7左**の常温乾燥形ふっ素樹脂エナメルの表面では顔料は露出していない。表面は樹脂で覆われており平滑で光沢度も高いと思われる。(本題からそれるが、よく観察すると顔料周囲の樹脂が消失している。これは顔料の光触媒作用によるものと推測される。) 次に、**図13-7中央**のアクリルシリコン樹脂エナメルの表面は樹脂の消失が進行しており、露出しつつある顔料が観察される。最後に、**図13-7右**のアクリル樹脂エナメルでは表面樹脂が完全消失しており、顔料が露出しているのが分かる。このように、SEM観察では塗膜表面や仕上塗材表面の劣化程度が一目瞭然に認識できる。

また、促進耐候性試験では、**図13-4右**、**図13-5左右**のように表面にひび割れが発生したり、**図13-3右**のように水滴跡等を起点として微細な劣化が生じるケースが認められた。

このような白亜化、ひび割れ等は表面からどの程度の深さまで達しているのかを観察するため、仕上塗材の断面観察を行った。そのためには断面を露出する必要がある。しかし、カッターで仕上塗材を切断することは組織に変形を与えるので適切でない。仕上塗材を液体窒素でガラス状態にして、割裂により破断面を露出させる必要がある。**図15-5右**はそのようにした破断面が観察できる。種々の断面観察の結果、観察の範囲内では白亜化、ひび割れ等は表面から2㎛～3㎛程度であった。樹脂の化学構造の変化や物性変化はさらに深部まで進行しているかもしれないし、劣化が進行すれば白亜化、ひび割れ等もさらに深部まで進行するものと考えられる。しかし、試験した範囲内で形態変化の深さを把握できたことは意味があると考えている。

表13-1および**表13-2**は本研究のまとめを示している。建研入所当初は、時間があれば電子顕微鏡室に閉じこもってSEM観察をしていた。楽しかった。やがて、連続した時間があまり確保できなくなり、残念ながら、電子顕微鏡室から徐々に遠ざかっていった。

表13-1　最終講義「Bonding and Cross-Linking」スライド62/151

まとめ

- 促進耐候性試験では散水の水滴跡等に起因する微視的に不均一な表面劣化形態、一方、屋外暴露は均一な表面形態
- 不均一な部分には局所的なわれやはがれが観測された。促進試験での照射エネルギーの高さや劣化因子の作用時間等の違いに起因すると考えられる。
- 微視的に不均一はあるが試験体別の劣化順位は全体として屋外暴露と同一

本橋健司、「屋外暴露および促進試験により劣化した柔軟性を有する吹付材の電子顕微鏡観察」、日本建築学会関東支部研究報告集、PP. 405-408 (1983)

表13-2　最終講義「Bonding and Cross-Linking」スライド63/151

まとめ

- 屋外暴露の充てん材露出状況（電顕）は白亜化度試験結果によく対応
- 屋外暴露における白亜化現象や促進試験における微視的なわれやはがれは表面から約2～3μmの深さであった
- 屋外暴露と促進耐候性試験では試験体別の劣化順位は同じであるが、微視的な表面劣化形態に差異があることを認識するのは重要である。

本橋健司、「屋外暴露および促進試験により劣化した柔軟性を有する吹付材の電子顕微鏡観察」、日本建築学会関東支部研究報告集、PP. 405-408 (1983)

第14章

外装材料・部材の劣化メカニズム

その3：建築用仕上塗材の動的粘弾性挙動から観た劣化メカニズム

表 14-1 に示す研究課題「外装材料・部材の劣化機構」の３例目として、屋外暴露試験および促進耐候性試験により劣化した建築用仕上塗材（以下、仕上塗材）の動的粘弾性挙動から観た劣化メカニズムの推定について紹介したい。対象は防水形複層仕上塗材である。**図 14-1** および**図 14-2** に引用している当時の文献タイトルでは「柔軟性を有する吹付材」と呼称している。防水形複層仕上塗材は、その当時、新しく開発された仕上塗材であった。その特徴は、**図 14-1** に示すように、下地のひび割れ挙動に対する追従性を有していることである。

コンクリートやモルタルを下地とする仕上塗材には、コンクリートやモルタルにひび割れが発生した場合、ひび割れが発生することが多い。この点を改善した仕上塗材が防水形仕上塗材である。防水形仕上塗材は主材がゴム弾性を有しており、下地にひび割れが発生しても主材が伸長・追従することにより仕上塗材表面でのひび割れ発生を抑制し、結果的に仕上塗材の躯体保護効

表14-1　最終講義「Bonding and Cross-Linking」スライド43/151

果（中性化抑制効果、遮塩性、防水性等）を保持することが期待される。JISでは、防水形仕上塗材に対して、一般的な複層仕上塗材に要求される試験項目に加えて、標準状態、低温時、浸水後、加熱後に一定の引張り伸び率を保持することを求めている。また、伸び時の劣化試験も規定されている。

既往の研究では、防水形仕上塗材の伸び性能について塗材の引張り試験や0スパンテンション試験等で評価することが多く、ゴム弾性がどの程度の期間持続するのか、脆化しないのかということが評価のポイントとなっている。

建研における耐久性総プロ等でも塗材の引張り試験や0スパンテンション試験等を実施していたが、高分子物性がどのように変化しているかを把握しようと考えて、動的粘弾性の測定を行った。動的粘弾性測定は、高分子物性の観点から高分子構造を把握する方法であり、建研入所前の接着剤研究で頻繁に利用していた（第9章参照）。

図14-2に防水形複層仕上塗材の動的粘弾性（貯蔵弾性率E'、損失弾性率E"、および損失正接tan δ = E"/E'）の温度依存性を示す。液体窒素を使用して－100℃以下から100℃を超える広い温度範囲にわたって、防水形仕上塗材の動的粘弾性（E'、E"、およびtan δ）を測定した。**図14-2**に示すように実線で示すE'（引張り弾性率Eと同じ）は－50℃付近までは10^{11}dyne/㎠（10^4MPa）程度で一定であり、－30℃付近から温度上昇に伴い急激に低下して、80℃付近では10^8dyne/㎠（10MPa）程度となる。すなわち、使用環境下の温度範囲で防水形仕上塗材の弾性率は急激に変化することが理解できる。

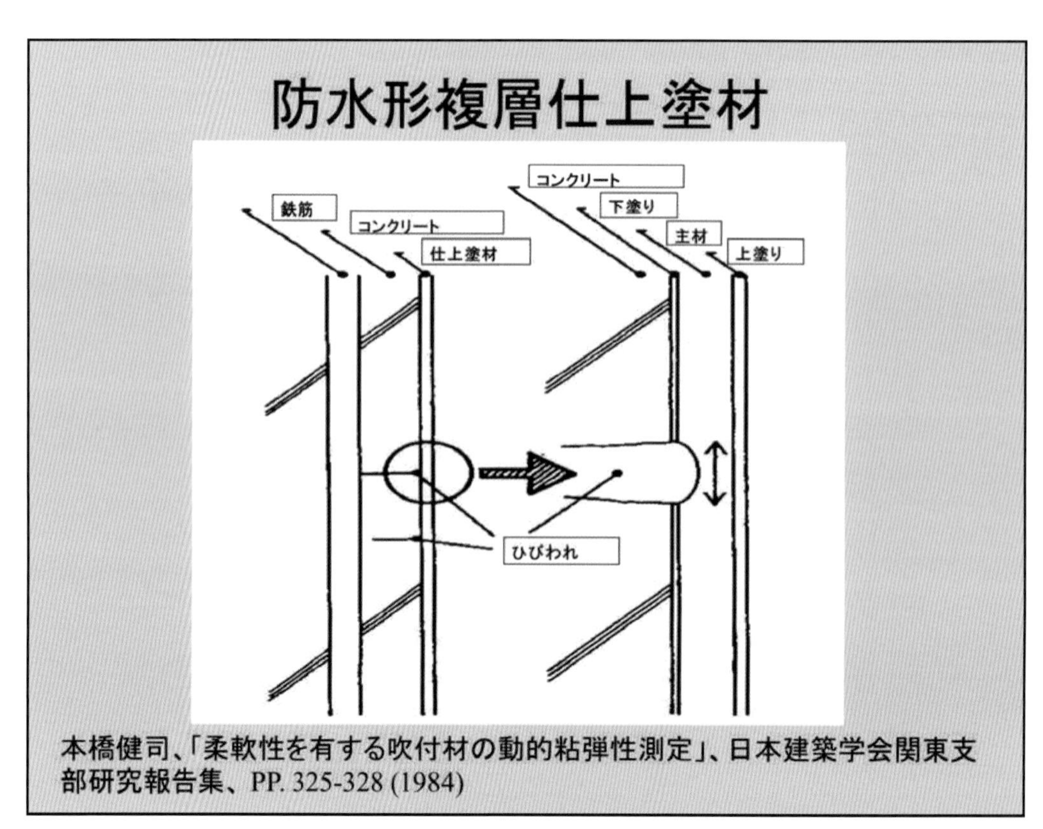

図14-1　最終講義「Bonding and Cross-Linking」スライド64/151

次に、一点鎖線で示したtan δの挙動を見ると、−32 ℃と49℃にピークが認められる。これらのtan δピークは高分子のガラス転移点（Tg）に対応しており〔ガラス転移点（Tg）そのものではない〕、−32℃のtan δピークは防水形仕上塗材の主材のTgに、49℃のtan δピークは防水形仕上塗材の上塗材のTgに対応している。E' の変化を見ると2つのtan δピークに対応して、2段階で大きく低下していることが看取できる。すなわち、−30℃近傍の低温側E' 低下は主材のTg、20℃近傍の高温側E' 低下は上塗材のTgに対応している。

種々の防水形仕上塗材を測定した結果、主材のTgに対応するtan δピークは、1例を除き、−50℃〜−10℃の範囲に認められた。このピークに対応してE' が−30 ℃近傍から低下して柔軟になることが分かった。一方、上塗材のTgに対応するtan δピークは30℃〜60℃に出現し、このピークに対応してE' が20℃近傍から再び低下して上塗材も柔軟になることが分かった。

以上の結果から、防水形仕上塗材は、主材にTgの低い高分子を使用して低温領域でも柔軟性を有するように−30℃近傍からE' を低下させ、上塗材は防汚性等に配慮して主材より高いTgを有する高分子を使用し、20℃近傍から柔軟性を発現させているケースの多いことを把握した。

高分子物性理論から考えると、高分子が架橋している場合はTgより高温領域においてE' 曲線にゴム状平坦部が認められる。**図14-2**においても、80℃〜130℃の範囲にE' のゴム状平坦部が認められた。ゴム状平坦部は製品によって明瞭である場合と不明瞭な場合が確認された。

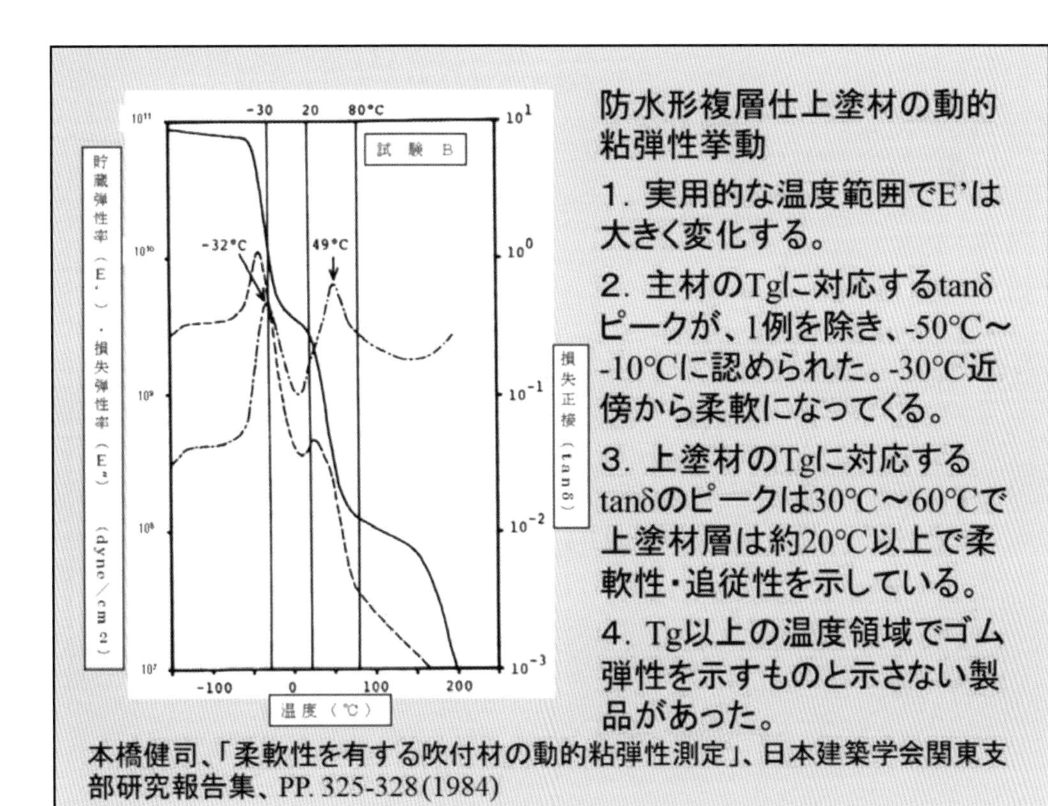

図14-2　最終講義「Bonding and Cross-Linking」スライド65/151

一般的には高分子に安定的な柔軟性を付与するためには、Tg以上の温度条件下で高分子を使用するというだけでなく、Tg以上の温度で高分子の流動を防止するために、高分子間を架橋して高分子にゴム状弾性を付与することが必要である。前述したように、動的粘弾性挙動を調査した結果から、防水形仕上塗材の中にはゴム状弾性を示す製品が一定数認められた。

次に、屋外暴露試験や促進耐候性試験によって動的粘弾性挙動がどのように変化するかという点について調べた。図14-3に示すように、屋外暴露1年後、サンシャインカーボンアーク灯を光源とした促進耐候性試験500時間後および63℃における加熱試験500時間後の防水形仕上塗材を対象として動的粘弾性挙動の変化を調べた。図14-3左は防水形仕上塗材Aについての初期状態と屋外暴露試験1年後の動的粘弾性、図14-3右は防水形仕上塗材Bについての初期状態、促進耐候性試験500時間後および加熱試験500時間後の動的粘弾性を示している。

図14-3から、防水形仕上塗材AおよびBの両者に関して、主材および上塗材のTgに対応するtan δピークに殆ど変化は認められなかった。例えば、防水形仕上塗材の主材および上塗材に可塑剤が添加されて高分子が外部可塑化されているならば、屋外暴露1年または促進耐候性試験500時間であっても、可塑剤が部分的に揮散してTgは明瞭に移動すると考えられる。しかし、主材および上塗材のTgに対応するtan δピークはほとんど変化しなかった。したがって、防水形仕上塗材の主材および上塗材は、使用温度より低温領域にTgを有する高分子を使用することで柔軟性を

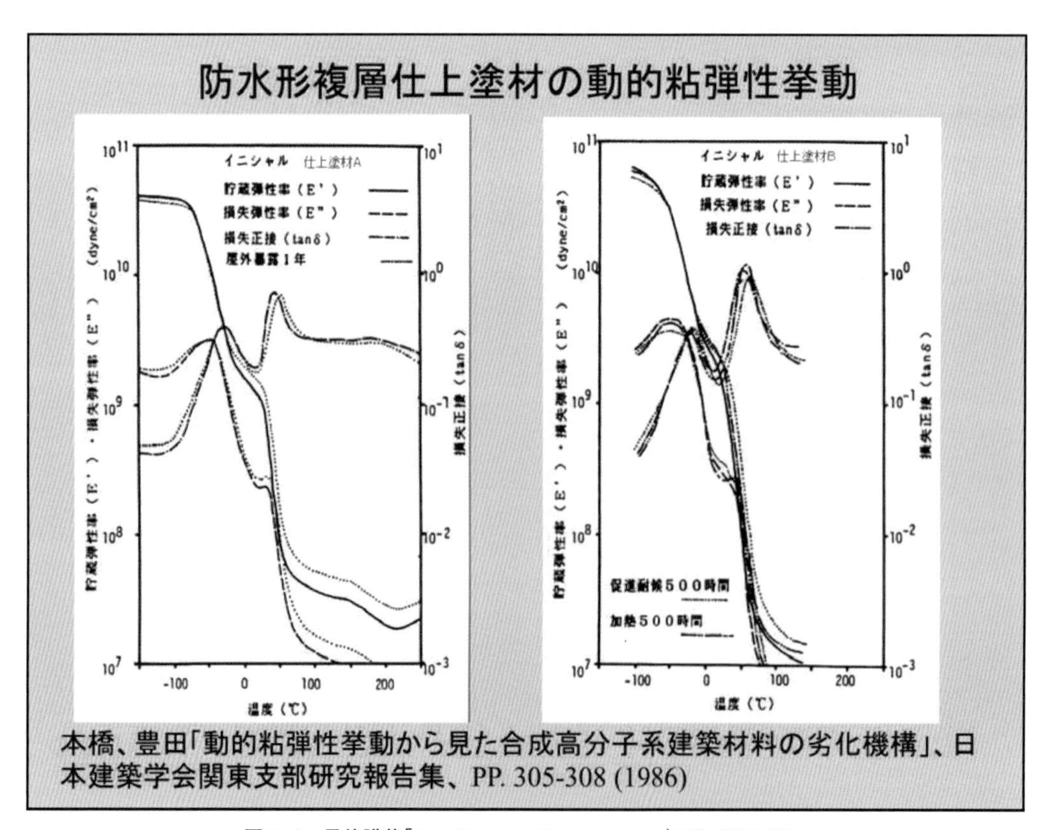

図14-3　最終講義「Bonding and Cross-Linking」スライド66/151

確保しており、屋外暴露1年後および促進耐候性試験500時間後および加熱試験500時間後でもTgは変化せず柔軟性は保持されている。

唯一、変化が認められたのはゴム状平坦部の弾性率であった。すなわち、**図14-3**において100℃前後に認められるゴム状平坦部のE'が屋外暴露試験後、促進耐候性試験後および加熱試験後に上昇していることが判明した。高分子物性理論ではゴム状平坦部の弾性率E(E'と同じ)は次のように表される。

$$E = 3dRT/Mc$$

ここで、E:ゴム状平坦部の弾性率

d:高分子の密度

R:気体定数

T:絶対温度

Mc:架橋点間分子量

図14-3のゴム状平坦部におけるE'上昇を上式に当てはめて計算すると、①防水形仕上塗材Aに関して架橋点間分子量が2700(初期状態)から2100に変化(屋外暴露1年後)、②防水形仕上塗材Bに関して架橋点間分子量が7800(初期状態)から6700(加熱試験500時間後)に変化、③防水形仕上塗材Bに関して架橋点間分子量が7800(初期状態)から3700(促進耐候性試験500時間後)に変化したことになる。なお、ゴム状平坦部のE'については主材と上塗材を一体化して考えたものであり、架橋点間分子量についても主材と上塗材を一体と見做した分子量と見做している。**図14-3**から得られた結果のまとめを**表14-2**に示した。

表14-2　最終講義「Bonding and Cross-Linking」スライド67/151

まとめ

- Tgが大きく変化していないことから可塑剤の消失による脆化ではない。(製品の外部可塑化はなされていない)
- ゴム状平坦部の弾性率が上昇しており、架橋反応が起きていると推定される。

E = 3RTd/Mcより、促進耐候性試験500時間で初期と比較して約2倍、屋外暴露1年では初期と比較して約1.3倍架橋点が増えている。

本橋健司、「柔軟性を有する吹付材の動的粘弾性測定」、日本建築学会関東支部研究報告集、PP. 325-328 (1984)

第15章

外装材料・部材の劣化メカニズム

その4:表面仕上げ材を施工したモルタルの熱重量分析による中性化挙動の解析

「外装材料・部材の劣化機構」の4例目として、各種表面仕上げ材を施工したモルタルの中性化挙動について熱重量分析により解析した研究について紹介する。

コンクリートの中性化現象や中性化プロセスに関しては多くの研究がなされている。コンクリートの中性化反応は二酸化炭素(CO_2)と水酸化カルシウム($Ca(OH)_2$)との気相/固相の不均一反応であり、コンクリート表面から深部へと中性化反応が進行する。化学反応は次式のように表される。

$$Ca(OH)_2 + CO_2 \rightarrow CaCO_3 + H_2O$$

中性化反応の進行度合いは、コンクリート断面にフェノールフタレン溶液を噴霧して、呈色しない部分の深さ(中性化深さ)として把握することが多い。各種表面仕上げ材の中性化抑制効果は、コンクリートに表面仕上げ材を施工した試験体を作製して促進中性化試験や屋外暴露試験を実施し、表面仕上げ材を施工しない打放し試験体と比較して、中性化深さの進行がどの程度抑制されるかということで評価されることが多い。

建築研究所でも同様な研究を実施していたが、材料科学的観点から、コンクリート中で$CaCO_3$がどのような濃度勾配で表面から深部へ減少していくか、また、$Ca(OH)_2$がどのような濃度勾配で表面から深部へ増加していくかについて知りたいと思うようになった。このような濃度勾配については、非定常反応速度論によるアプローチや種々の反応モデルにより検討がなされている。私は、実験によりその濃度勾配を確認したいと考えた。都合よく、建築研究所には保守された示差熱-熱重量(DTA-TG)測定装置があり、これにより$Ca(OH)_2$および$CaCO_3$の定量が可能であった。そこで、各種表面仕上げ材を施工したモルタル試験体の中性化挙動を調べた。

表15-1に対象とした各種表面仕上げ材の種類を示す。基材はコンクリートではなく、モルタルとした。粗骨材の影響で$Ca(OH)_2$および$CaCO_3$の値がバラつくのを回避したかったからである。モルタルの水セメント比は60%(一部試験体では45%、75%も実施)とした。試験体は30℃、RH60、CO_2濃度5%の条件下で6ヶ月間および24か月間促進中性化処理を行った。6ヶ月後および24ヶ月後の中性化深さを**表15-1**に示している。周知のように、中性化深さ(D:㎜)は時間(T:月)の0.5乗に比例する。すなわち、$D = A \times (T)^{0.5}$と定式化できる。A(㎜/(月数)$^{0.5}$)は中性化速度係数と呼ばれ、コンクリート条件や環境条件に依存する定数である。

試験体は直径100㎜、高さ400㎜の円柱状とし、促進中性化処理後に割裂して二分し、一方のモルタル試験体で中性化深さを測定し、もう一方のモルタル試験体を**図15-1**に示すように切断した。すなわち、仕

表15-1　最終講義「Bonding and Cross-Linking」スライド70/151

試験体番号	W/C (%)	仕上げ材	中性化深さ 6ヶ月 (mm)	中性化深さ 24ヶ月 (mm)
1-1	75	なし	30.9	61.2
1-2	60	なし	17.4	26.7
1-3	45	なし	5.6	7.8
2	60	PCM(ポリマー5wt%)	7.2	19.1
3	60	PCM(ポリマー14wt%)	1.7	1
4	60	PCM(ポリマー20wt%)	0.7	0.7
5	60	エポキシ樹脂モルタル0.5cm	0.9	0.8
6	60	エポキシ樹脂モルタル1.0cm	1.3	0.6
7	60	有光沢エマルション(2回)	1.6	2.1
8	60	ポリウレタンエナメル(1回)	1.1	1.1
9	60	ポリウレタンエナメル(2回)	1.4	1.4
10	60	アクリル樹脂エナメル(2回)	2.2	2.2
11-1	75	防水形複層塗材E	2.6	1.9
11-2	60	防水形複層塗材E	1.3	0.2
11-3	45	防水形複層塗材E	0.3	0.4
12	60	防水形薄付塗材E	1.3	1.1
13	60	複層塗材E	1.3	2.4
14-1	75	薄付塗材E	2.4	4
14-2	60	薄付塗材E	1.6	2.3
14-3	45	薄付塗材E	0.8	2.5
15-1	75	シラン系吸水防止材(非造膜形)	21.1	46.9
15-2	60	シラン系吸水防止材(非造膜形)	8.9	22.1
15-3	45	シラン系吸水防止材(非造膜形)	3.7	6.7
16	60	アクリル系吸水防止材(造膜形)	12.4	27.6

試験体の種類

本橋、桝田「コンクリート仕上げ材料の中性化抑制性能評価における熱重量分析の応用」、日本建築学会構造系論文集、第579号、PP. 15-21 (2004)

1:3モルタル(W/C=75,60,45%)下地に各種表面仕上げを行い、30℃、60%RH、炭酸ガス濃度5%で6、24ヶ月促進中性化を行った。その後、モルタル試験体を切断した。

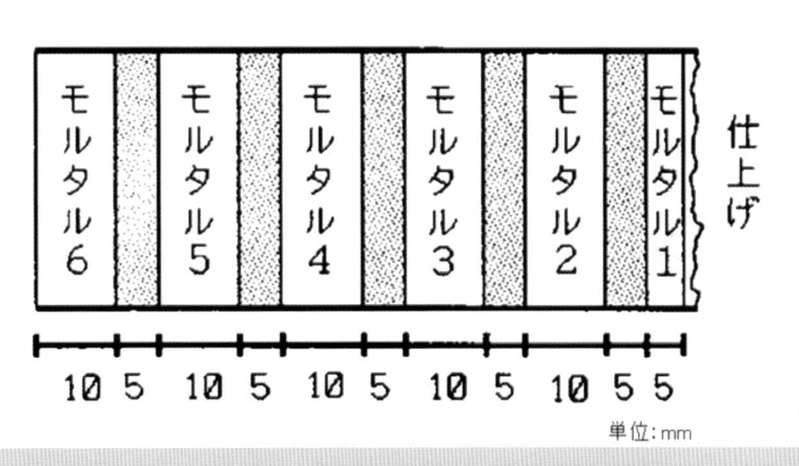

本橋、桝田「コンクリート仕上げ材料の中性化抑制性能評価における熱重量分析の応用」、日本建築学会構造系論文集、第579号、PP. 15-21 (2004)

図15-1　最終講義「Bonding and Cross-Linking」スライド69/151

上面からの深さが異なるモルタル試験片をコンクリートカッターにより切り出した。**図15-1**に示す厚さ5㎜の灰色部分は切り代である。切断したモルタル試験片を更に細分化し、ボールミルおよび乳鉢により粉末化した。これを密閉保存して、DTA-TG分析用試料とした。

この粉末試料を得る作業は大変であったが、建築研究所部外研究員（当時）H氏の協力により達成できた。次に、各試料についてDTA-TG分析を実施した。本稿では話を簡略化するため、熱重量（TG）分析の結果を説明する。

モルタル試験体1-1（表面仕上げ材なし、水セメント比75％、促進中性化6ヶ月：**表15-1**参照）のモルタル1～モルタル4（**図15-1**参照）を試料とした熱重量曲線を**図15-2**に示す。**図15-2**の縦軸は左上に示す質量スケールに対応している。また、横軸は温度を示している。先ず、常温から100℃を過ぎるまですべての試料の熱重量曲線が大きく低下していることが看取できる。この質量減少は試料中に含まれる水分が蒸発したことに由来する。200℃以上ではすべての試料において水分蒸発が完了し、安定的なベースラインが示されている。

次に、モルタル試験体の表層部分であるモルタル1の熱重量曲線に着目すると600℃前後の温度領域においてブロードで大きな質量減少が観測される。これはモルタル中に含まれる$CaCO_3$が次式のように熱分解してCO_2を放出したことを示している。

$$CaCO_3 \rightarrow CaO + CO_2 \uparrow$$

上式の質量減少から試料中に含まれてい

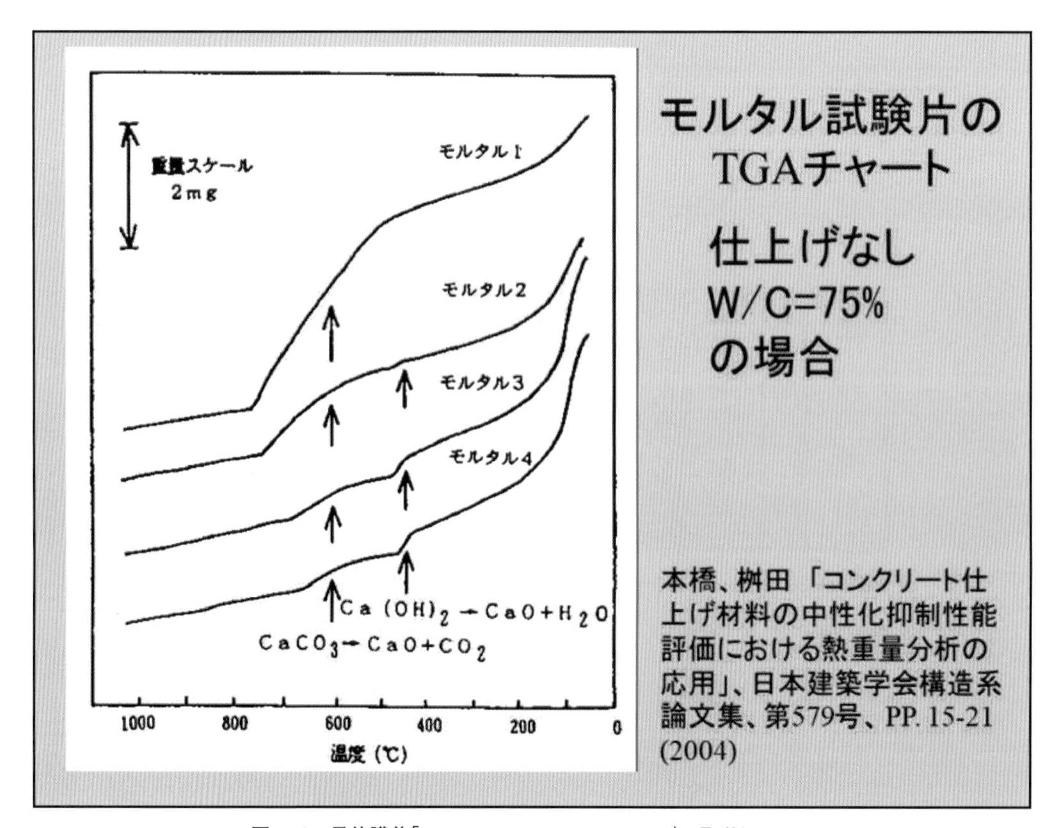

図15-2　最終講義「Bonding and Cross-Linking」スライド71/151

る $CaCO_3$ 量を算出した。次に、モルタル１～モルタル４の熱重量曲線を比較して明らかなように、仕上げ面から深部になるにしたがって、600℃近傍の質量減少が少なくなり、400℃近傍に観測される質量減少が顕著になる。400℃近傍の質量減少は次式に示すように $Ca(OH)_2$ の脱水反応に由来するものであり、この質量減少から試料中に含まれている $Ca(OH)_2$ 量を定量することができる。

$$Ca(OH)_2 \rightarrow CaO + H_2O \uparrow$$

以上のことから、**図 15-2** において、①表面に近いモルタル１では中性化反応が進行したため $Ca(OH)_2$ がモルタル１中に存在していないこと、②逆に、表面から離れた深部のモルタル４では中性化は殆ど進行しておらず、モルタル４中には $Ca(OH)_2$ が多く含まれ、$CaCO_3$ が微量であること、③モルタル２とモルタル３では、モルタル１とモルタル４の中間的状況を示すこと等が理解できる。

以上のような熱重量分析の結果からモルタル試験体中の $CaCO_3$ 濃度勾配を求めた例を**図 15-3** に示す。なお、$Ca(OH)_2$ についても濃度勾配は求められるが、本章では話を簡略化するため $CaCO_3$ の濃度勾配のみを議論する。**図 15-3** はモルタル試験体 1-2（表面仕上げ材なし、水セメント比 60％、促進中性化 24 ヶ月：**表 15-1** 参照）の $CaCO_3$ 濃度勾配を示している。①表層から 15㎜程度までのモルタル層は殆ど中性化していること、②表層から 60㎜程度より深い部分では殆ど中性化していないこと等が理解できる。**図 15-3** では、殆ど中性

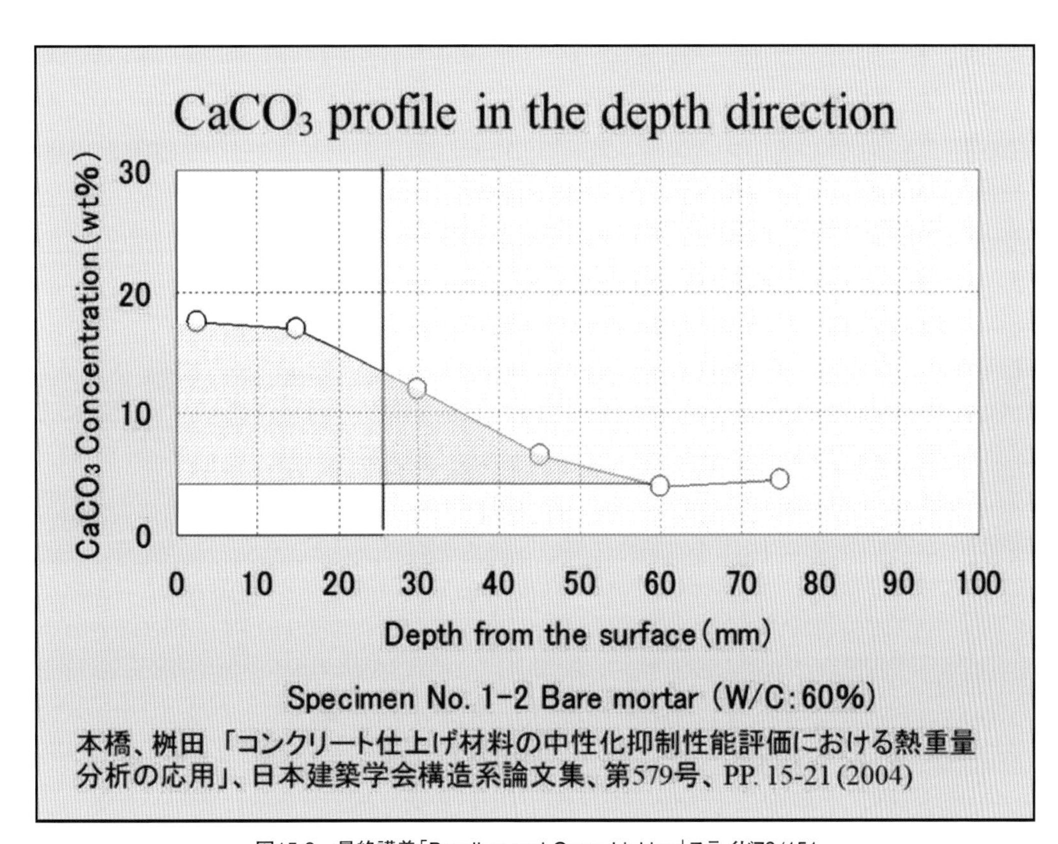

図15-3　最終講義「Bonding and Cross-Linking」スライド72/151

化していない60㎜程度より深い部分において、$CaCO_3$が見掛け上数%含有されている。これは**図15-2**に示した熱重量曲線のベースラインの傾斜等に由来する誤差であり、$CaCO_3$量を求める場合は、中性化の進行していない深部での数%の$CaCO_3$量を0%となるように補正し、**図15-3**に示す灰色部分を$CaCO_3$量とした。**図15-3**に示す灰色部分の面積を積算$CaCO_3$量とした。各種仕上げ材を施工したモルタル試験体の6ヶ月および24ヶ月における積算$CaCO_3$量を**表15-2**に示す。

ここで、中性化深さと同様に、積算$CaCO_3$量（S：%・㎜）が時間（T：月）の0.5乗に比例すると仮定すると、$S=B\times(T)^{0.5}$と定式化できる。ここで、B（%・㎜／（月数）$^{0.5}$）は$CaCO_3$量をパラメーターとした場合の中性化速度係数である。6ヶ月および24ヶ月における積算$CaCO_3$量から求めた各種試験体の中性化速度係数B（%・㎜／（月数）$^{0.5}$）を**表15-2**に示す。6ヶ月と24ヶ月との間で多少数値の異なる試験体もあるが、全体として同一の傾向を示している。

次に、**表15-1**に示した中性化深さに関する$D=A\times(T)^{0.5}$でから求めた中性化速度係数A（㎜／（月数）$^{0.5}$）と**表15-2**に示した積算$CaCO_3$量から求めた中性化速度係数B（%・㎜／（月数）$^{0.5}$）との相関性について検討した。**図15-4**に明らかなように、両者には相関関係が認められる。原点を通る直線で近似した結果、B（%・㎜／（月数）$^{0.5}$）＝11.1×A（㎜／（月数）$^{0.5}$）という関係式が得られた。この式はフェノールフタレン法で求めた中性化深さ（㎜）を11.1倍すると生成した積算$CaCO_3$量（%・㎜）が求められることを意味している。

文献[1]によると普通ポルトランドセメントが水和した場合に生成する$Ca(OH)_2$量は理論上25～29%である。本研究のモルタル試験体はセメント：細骨材（豊浦標準砂）の質量比が1：2.8であるから、モルタル全体に対する生成$Ca(OH)_2$量は6.6%～7.6%となる。更に $Ca(OH)_2$（74g/mol）が完全に中性化して$CaCO_3$（100g/mol）になると、モルタル中の生成$CaCO_3$量はモルタルの9～10%になる筈である。

図15-4で得られた近似式は、B（%・㎜／（月数）$^{0.5}$）＝ 11.1×A（㎜／（月数）$^{0.5}$）であり、係数は約11である。9～10に近い数値である。**図15-4**で得られた近似式から、フェノールフタレン法によって求めた中性化深さ（㎜）に11を乗じれば中性化反応によって生成した積算$CaCO_3$量（%・㎜）が求まることになる。この数値は、フェノールフタレン法によって求めた中性化深さ部分が完全に中性化し、それ以深は全く中性化していない（$CaCO_3$が生成していない）として仮定して算出する積算$CaCO_3$量（%・㎜）〔（9～10%）×中性化深さ（㎜）〕に近いことが理解できる。

図15-3に戻って灰色部分（積算$CaCO_3$）をじっくりご覧いただきたい。**図15-3**の縦棒の境界（深さ26.7㎜）はフェノールフタレン法により決定される中性化部分と未中性化部分の境界を示している。**図15-3**から中性化部分にも$Ca(OH)_2$が残存し、未中性化部分にも$CaCO_3$が生成していることが看取できる。また、フェノールフタレンによる境界線（中性化深さ）は勾配部分のほぼ中央に位置していることがわかる。一方、表層の中性化部分の$CaCO_3$量はベースラインの傾き等に由来する数%の誤差を差し引くと12%であった。この12%という数字も、文献値に基づく試算による9～10%、**図15-4**の近似式に由来する

表15-2　最終講義「Bonding and Cross-Linking」スライド74/151

試験体番号	W/C (%)	仕上げ材	$CaCO_3$含有量		中性化式係数($CaCO_3$)		
			6ヶ月 (%・mm)	24ヶ月 (%・mm)	6ヶ月	24ヶ月	平均
1-1	75	なし	319.81	754.24	130.56	153.96	142.26
1-2	60	なし	160.39	428.46	65.48	87.46	76.47
1-3	45	なし	120.13	226.52	49.04	46.24	47.64
2	60	PCM(ポリマー5wt%)	48.83	267.58	19.93	54.62	37.28
3	60	PCM(ポリマー14wt%)	11.80	12.77	4.82	2.61	3.71
4	60	PCM(ポリマー20wt%)	11.48	18.76	4.69	3.83	4.26
5	60	エポキシ樹脂モルタル0.5cm	7.60	11.48	3.10	2.34	2.72
6	60	エポキシ樹脂モルタル1.0cm	9.22	15.68	3.76	3.20	3.48
7	60	有光沢エマルション(2回)	7.76	41.23	3.17	8.42	5.79
8	60	ポリウレタンエナメル(1回)	6.63	29.59	2.71	6.04	4.37
9	60	ポリウレタンエナメル(2回)	18.27	29.75	7.46	6.07	6.77
10	60	アクリル樹脂エナメル(2回)	9.38	48.67	3.83	9.93	6.88
11-1	75	防水形複層塗材	9.54	31.69	3.89	6.47	5.18
11-2	60	防水形複層塗材	3.40	55.78	1.39	11.39	6.39
11-3	45	防水形複層塗材	4.69	14.23	1.91	2.90	2.41
12	60	防水形単層塗材	19.56	104.28	7.99	21.29	14.64
13	60	複層塗材E	13.10	49.15	5.35	10.03	7.69
14-1	75	薄付塗材E	89.41	50.93	36.50	10.40	23.45
14-2	60	薄付塗材E	16.98	58.37	6.93	11.91	9.42
14-3	45	薄付塗材E	13.58	65.97	5.54	13.47	9.50
15-1	75	シラン系吸水防止材	136.78	481.49	55.84	98.28	77.06
15-2	60	シラン系吸水防止材	103.15	495.23	42.11	101.09	71.60
15-3	45	シラン系吸水防止材	25.55	140.34	10.43	28.65	19.54
16	60	アクリル系吸水防止材	110.11	285.04	44.95	58.18	51.57

岸谷式による中性化係数

$C=A\times(t)^{0.5}$

C:$CaCO_3$含有量 (%・mm)

A':中性化係数

t:時間（月）

本橋、桝田「コンクリート仕上げ材料の中性化抑制性能評価における熱重量分析の応用」、日本建築学会構造系論文集、第579号、PP. 15-21 (2004)

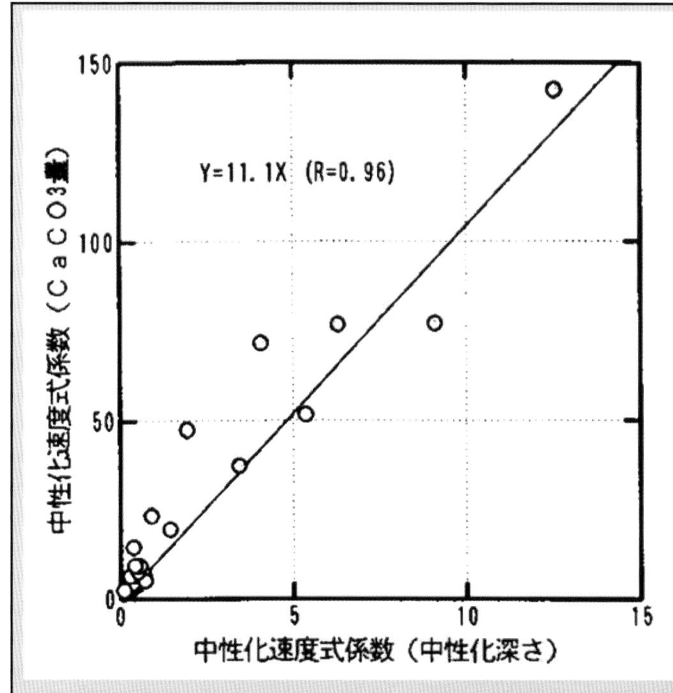

中性化深さと$CaCO_3$含有量での中性化速度式の係数比較

本橋、桝田「コンクリート仕上げ材料の中性化抑制性能評価における熱重量分析の応用」、日本建築学会構造系論文集、第579号、PP. 15-21 (2004)

図15-4　最終講義「Bonding and Cross-Linking」スライド75/151

11%とさほど違いはない。このように考えながら、**図 15-3** を眺めていると、フェノールフタレン法による中性化深さは、結果的にではあるが、なかなか妥当ではないかと考えた。

私としては $CaCO_3$ の濃度勾配がもう少し正確に把握できたなら、濃度勾配の形状パラメーターを求めて、各種仕上げ材の中性化抑制効果を議論したいと考えていた。しかし、**図 15-3** の $CaCO_3$ 濃度曲線を得るのが限界であった。各種仕上げ材を施工した試験体では（生成 $CaCO_3$ 量が少ないため）$CaCO_3$ 濃度曲線にバラツキが大きく、曲線の形を比較検討するまでには至らなかった。それでも、熱重量分析法により生成 $CaCO_3$ 量を把握する方法は、フェノールフタレン法による中性化深さよりもバラツキが少なく、中性化抑制効果を評価できることが分かった。中性化の進行が遅い場合でも、表層に含まれる $CaCO_3$ 量を定量できれば、中性化深さよりも感度よく中性化程度を把握できる。**表 15-3** には研究のまとめを示している。

（参考文献）

1）笠井順一：「セメント化学概論（その3）」、コンクリート工学、Vol. 21、No. 11、pp.100-106、(1986)

表15-3　最終講義「Bonding and Cross-Linking」スライド77/151

まとめ

- 熱重量分析法を応用して各種仕上材の中性化抑制効果を$CaCO_3$量の濃度勾配として把握できた。
- $CaCO_3$量から求めた中性化速度式と中性化深さから求めた本来の中性化速度式は高い相関を示した。結果的には、中性化深さまで炭酸化が完全に行われ、それより深い部分では炭酸化が全く進んでいないと考えても（実験結果は異なるが）、全$CaCO_3$量に関しては推定できる。

本橋、桝田「コンクリート仕上げ材料の中性化抑制性能評価における熱重量分析の応用」、日本建築学会構造系論文集、第579号、PP. 15-21 (2004)

第16章

Cross-Linkingな研究へ

第12章から第15章まで、「外装材料・部材の劣化機構」の研究例について紹介してきた。このように劣化メカニズムに関する材料科学的な研究を進める一方で、建築研究所のプロジェクト研究にも積極的に参加していた。研究を続ける中で、建築物、建築技術の向上のためにはプロジェクト研究が重要だと考えるようになってきた。建築研究所にいると、自然に、そのような考えになるらしい。

劣化メカニズムの研究は建築材料の耐久性研究にとって重要であり、このような基礎研究を更に活性化させるべきという考えに揺らぎはなかった。しかし、建築研究所で耐久性総プロや数々のプロジェクト研究に参加しているうちに、材料施工に関する標準仕様を確立して、建築の向上に寄与したいという考えを抱くようになった。

表16-1をご覧いただきたい。建築材料の研究を、材料製造者側からの研究と材料使用者側からの研究に整理して比較している。**表16-1**では建築材料一般について

表16-1　最終講義「Bonding and Cross-Linking」スライド78/151

Cross-Linking （架橋）

- 建築材料の研究
  - 製造者側観点からの研究
    - 材料の劣化メカニズムの科学的記述
    - 材料科学（物理、化学、生物）的変化の把握
    - シーズ技術の応用
  - 使用者側観点からの研究
    - 建築物に組込んだ場合の部材・空間の性能
    - 実際の使用条件下での実用的性能（材料設計）
    - 保全に関わる情報（耐久設計）
    - 多様なニーズに対する材料としてのタフネス性
  - 知識・経験の非対称性

説明しているが、話を具体的にするため、塗料を例として考えてみたい。塗料製造者は、①紫外線劣化に強い樹脂構造、②紫外線吸収剤や光安定化剤の配合、③顔料と樹脂との相溶性、顔料の耐候性等を考慮して高性能な塗料を開発する。また、④高日射反射率塗料や光触媒の利用による抗菌・抗ウィルス塗料など、建築物表面に新機能を付与する塗料を開発する。塗料製造者側からの研究には、化学知識、材料科学的知識等が必要になる。

一方、建築用塗料使用者側からの研究では、①建築物の部位、環境条件、要求性能に合致する塗装仕様の選択方法、②施工上の注意点、施工品質の確認方法、③耐用年数、保全方法、改修塗装仕様等を明確化することが重要である。そのために、塗料の品質基準、塗装の施工標準、塗膜の保全標準等を確立するための研究を行うことになる。塗料使用者側からの研究には、塗装に関する各種要求性能、塗料の品質、施工方法、塗膜の耐久性、保全に関する知識等が必要になる。

建築用塗料の研究に関しては、塗料製造者側と塗料使用者側が十分に相互理解して、塗装仕様、施工標準を確立することが理想である。例えば、日本建築学会のJASS 18（塗装工事）を改定する場合は、塗料製造業者、塗装業者、建築業者、学識経験者等が参加して、知識・経験を交換しつつ標準仕様を定めている。査読の段階では設計者等も参加している。

建築材料の研究は、製造者側と使用者側の両方の観点からアプローチを行い、技術シーズと使用者ニーズとを繋げることが理想である。建築材料の中でコンクリートに関しては、比較的理想に近い形で研究が進められているのではないかと、筆者は考えている。しかし、すべての建築材料について、製造者側と使用者側の知識・経験を併せ持ちながら研究することは容易でない。

表題のCross-Linkingは日本語で「架橋」を意味する。架橋反応というのは高分子化学で学習する反応の一つである。架橋反応の例を**図16-1**に示した。**図16-1**はMDI（ジフェニルメタンジイソシアネート）とポリオール〔水酸基（-OH）を有するポリマー〕との架橋反応により、ウレタン樹脂が生成される過程を示している。ポリオール中の水酸基（-OH）とMDI中のイソシアネート基（-NCO）が反応してウレタン結合（-OCONH-）が生成する。架橋剤であるMDIにより2つの線状ポリオールが橋架けされることになる。この反応を繰り返して、線状高分子であるポリオールが3次元高分子であるウレタン樹脂となって硬化す

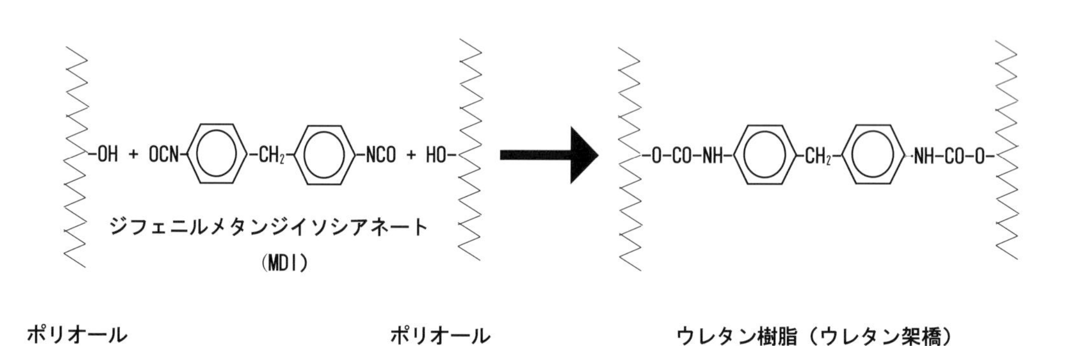

図16-1　MDIとポリオールの架橋反応によるウレタン樹脂の生成

るのである。

架橋反応において、自分を架橋剤に見立てて、一方の末端反応基を材料製造者側に結合させ、他方の末端反応基を材料使用者側に結合して、両者を架橋できる（両者の間に橋を架ける）研究を実施したいと考えた。第12章で述べたように、筆者は、大学・大学院時代の研究経歴から考えると、ポリマーを製造する企業の研究所に勤務しておかしくないと考えていた。それが、巡り合わせにより、材料製造業を飛び越え、施工業者を飛び越え、末端ユーザーに近い立場の建築研究所に勤務することになったのである。これは、筆者にとって面白いことであり、この巡り合わせを役立てようと考えた。

大学・大学院時代の知識・経験を有しているのだから、自分は製造者側と架橋できるだけの反応性を有していると考えた。そして、建築研究所で知識・経験を蓄積しているので使用者側とも架橋できる反応性を有していると考えた。製造者側と使用者側を繋げる研究を進めようと思ったわけである。表題のCross-Linkingな研究は、そのような「思い」を表している。

次に、Cross-Linkingな研究を進める上でのいくつかのポイントを**表16-2**に示した。建築研究所や大学で建築材料研究の看板を掲げていると、材料製造者から技術相談を受ける機会も多い。一般に、材料製造者は独自のシーズ技術等を応用して新しい材料を開発する。これを建築材料として利用できないかと尋ねられることが多い。材料製造者としては、建築材料として利用可能となれば、大幅な需要増加が期待できる。また、簡単なことではないことを付言

表16-2　最終講義「Bonding and Cross-Linking」スライド80/151

Cross-Linking （架橋）

- 製造者側観点と使用者側観点のCross-Linking
  - 材料特性・性能を理解させるための情報提供
  - シーズ技術を活かすためのデータ整備
  - 技術的合意を得るための共同研究・共同実験
  - 施工条件の影響
  - 工事仕様書、品質基準の確立（建築技術者への情報提供）
  - 使用者側ニーズに対応した性能情報

するが、建築分野では今まで色々な材料を取り込んできた実績もある。

使用者側の立場である建築研究所の研究員としては、持ち込まれた新しい材料によって、建築の性能を向上できるなら、施工の合理化を図れるなら、建築物の耐久性を向上できるなら、環境負荷を低減できるなら、非常に有益である。その確信が得られれば、建築に利用するための材料品質基準、施工標準、保全標準等を整備する研究を進めることになる。しかし、物事がスムースに進行することは少ない。

先ず、材料製造者の開発した材料の説明を受けることからスタートすることになる。材料製造者の説明は、独自のシーズ技術の優位性、開発材料の長所（例えば、強度、耐熱性等）に関する説明が中心である。説明にも力が入っている。筆者としては材料製造者側とも架橋できる反応性を有していると自負しており、説明を正しく理解するよう努力する。適切な質疑応答や意見交換が行われると、製造者側に「技術の優位性や開発材料の長所を正しく認識してもらえた。」と思っていただける場合もある。

ところが、多くの材料製造者は、建築材料としての利用可能性に関してさほど深く考えていない。どのような建築用途を想定しているか尋ねても、曖昧な回答が多い。というより、どのような用途が考えられるかを質問してくる場合が多い。そのため、種々の意見交換をしながら、用途を考えることになる。そして、用途や使用部位が想定できると、用途や使用部位に見合った要求性能が明確になり、比較対象の材料・部材等も明確になる。その上で、適用可能性を詳細に検討することとなる。

多くの場合、材料製造者が有している技術情報は開発材料の長所を評価してもらうために必要な基礎物性に関するデータのみであり、例えば、耐久性、劣化した時の補修方法、施工環境の影響などといった使用者側に必要な実用的、実際的な技術情報は準備されていない。建築での適用可能性があるならば、適用可能性の詳細検討のために使用者側が要求する技術データを各種性能評価試験により収集する必要がある。そして、性能が満足できるものであれば材料品質基準、施工標準、保全標準等を整備することになる。

要するに、製造者と使用者の間には知識・経験の不均衡が存在しており、両者間で議論しながら建築材料の研究を進める必要がある。

塗料の研究であっても、例えば、自動車用塗料の研究は、建築用塗料の研究とは異なると考えられる。建築用塗料の研究はどちらかといえばB to C（Business to Customer）的であるが、自動車用塗料の研究はB to B（Business to Business）的である。自動車用塗料の製造者が実際の（あるいは実際に近い）自動車塗装ラインを使用して塗料の評価を行うことは普通である。また、塗料使用者である自動車製造者の中には塗料製造者と同等の知識を有する技術者がいて、塗料の研究を行っている。したがって、自動車製造者は塗料製造者の技術内容をほとんど理解した上で、塗料の供給を受けている。自動車製造業者の或る技術者は「我々は、自動車用塗料の配合・製造技術に関して、塗料製造業者とほぼ同程度の技術レベルを有している。場合によっては、配合、製造条件を塗料製造者に指定して、塗料を製造してもらうこともある。塗料を製造しないのは、技術的理由というよりも、経済的理由からである。」という主旨の発言をしていた。この場合、塗料製造者と塗料使用者の間に知識・経験の不均衡は存在しない。

もう一つ、余談を紹介する。材料製造者が建築研究所を訪問して開発した材料の説明をする場合に、私は製造者側の知識・経験もあるだろうということで、上司と一緒にヒアリングに参加する機会が何度かあった。時効だと思うから、ある程度具体的に記述する。コンクリートに対する樹脂系の表面被覆材の売り込みであった。製造者側の説明は、「中性化抑制効果の高い表面被覆材は、柔軟性、ひび割れ追従性もあるが、水蒸気透過性が低いため、フクレが発生しやすい。それが、欠点である。開発した表面被覆材は、水蒸気（水分子）は透過できるが、それより分子サイズの大きい二酸化炭素は透過できない。それ故、内部からの湿分は放出するが、外からの二酸化炭素は遮断できる。」というものであった。私が、思わず、「それは、開発した表面被覆材が気体分離膜の特性を有しているということでしょうか。樹脂中での気体透過メカニズムは①表面での気体の被膜への溶解、②被膜中の拡散、③裏面での被膜中からの気化という３つのプロセスについて議論する必要があり、水分子と二酸化炭素分子の大きさの単純比較で透過性を判断できるとは考えられないのですが。」というと、その説明者は、少し驚いて、言葉を濁し、説明を曖昧にした。その時の説明者は２名であり、営業担当の課長と研究所の担当研究員であった。主たる説明者は営業課長であった。後日談になるが、これらの説明者とはその後親しくなり、しばしば意見交換する機会があった。私は、研究所の担当研究員に「あなたは科学者なのに、何故、営業課長の非科学的な説明を黙って聞いていたのか。」と質問したところ、おおよそ次のような話をしてくれた。「たしかにあの説明は科学的な観点から不適切です。分子の大きさで説明できるものではありません。間違っています。しかしですね、課長があの説明をすると、多くの設計者、工事業者、建設業者が理解してくれるのです。私が専門的な説明を始めると、誰も話を聞いてくれません。」、「営業課長の話の方がお客さんのニーズを的確に捉えているし、説明が明快で分かりやすく、顧客からの受けもよく、製品を検討してもらえるケースが多いのです。」という話であった。何となく、彼らの一面というか、建築材料における製造者と使用者の関係性の一断面を知ったような気がした。

さて、こう見えても、筆者は科学者の端くれなので、説明された表面被覆材について調べてみた。開発された表面被覆材は比較的樹脂量の多い材料であるが、親水性の高い樹脂が使用されていたようである。したがって、表面被覆材が下地からの水分を吸収して、被覆材中を水分が移動し表面に透過させるというものであった（らしい）。親水性樹脂ということになると、他の問題が出てくるだろうと想像している。このエピソードは、防水形仕上塗材や外壁用塗膜防水材が注目され始めた頃のものである。現在、このような機能を標榜している製品は少ないと思う。

以上をまとめると、建築材料の研究は、製造者側と使用者側の立場の違い、知識・経験の不均衡等を踏まえた上で上手に進める必要がある。筆者は、製造者側と使用者側の両方に架橋点を有していると信じて、Cross-Linking な研究を進めることとした。**表 16-3** にはそのような観点から実施したプロジェクト研究の例を示している。これらの内容に関しては、今までにも多くの原稿執筆や口頭発表を行ってきた。次章から、その中のいくつかを選んで、プロジェクトの経緯や成果について解説したい。

表16-3　最終講義「Bonding and Cross-Linking」スライド81/151

Cross-Linkingの例

- 高耐久性樹脂塗料
- 光触媒
- 外装タイル接着剤張り工法
- アスベスト
- 外壁改修
- 建築保全標準

第17章
高耐久性塗料の研究（前編）

Cross-Linkingな研究の最初の例として、高耐久性塗料に関する研究を紹介したい。この研究は**表17-1**に示すように、建設省総合技術開発プロジェクト「建設事業への新素材・新材料利用技術の開発（1988-1992）」（略称：新素材総プロ）の一環として実施された。「民間活力の導入・活用」、「新技術の利用」等が政府の施策に含まれていた時代であった。

新素材総プロの実施体制について説明する。新素材総プロは建設省建築研究所と土木研究所の直轄研究、並びに（財）国土開発技術研究センターへの委託研究により実施された。委託研究先に学識経験者を含む研究調整のための委員会を設置した。具体的には、（財）国土開発技術研究センターに「建設事業への新素材・新材料利用技術開発委員会」（委員長：白山和久筑波大学名誉教授）を設置し、この委員会の下に「土木部会」（部会長：小林一輔千葉工業大学教授）および「建築部会」（部会長：加藤勉東洋大学教授）を設け、更に「建築部会」の下に「非

表17-1　最終講義「Bonding and Cross-Linking」スライド83/151

高耐久性樹脂塗料の評価

- 建設省総合技術開発プロジェクト「建設事業への新素材・新材料利用技術の開発（1988-1992）」
  - 繊維補強コンクリートや高耐久性塗料の研究が実施された。
  - 高耐久性塗料を利用した高耐久性塗装仕様の確立に資する技術資料を整備した。

金属分科会」（分科会長：上村克郎宇都宮大学教授）および「金属系分科会」（分科会長：高梨晃一東京大学教授）が設置され、更に、その下に幾つかのWGを設置して研究開発が進められた。

研究委員会のヒエラルキーについて理解いただけたと思う。最近は、筆者も、このようなヒエラルキーに組み込まれることがある。「ヒエラルキーの中で取りまとめ責任者になるよりも、末端で実験している方が何十倍も面白い」というのが素直な感想である。

高耐久性塗料の研究は「非金属系分科会」傘下の「新機能性外装材WG」（主査：今泉勝吉工学院大学名誉教授）で実施された。実質的には、建築研究所と共同研究を実施する各社が㈳建築研究振興協会に設置した「高耐久性塗料研究会」（委員長：今泉勝吉工学院大学名誉教授）の中で研究が進められた。「高耐久性塗料研究会」は新素材総プロ終了後も継続され、最終的に、建設省建築研究所と㈳建築研究振興協会の連名で『建設省総合技術開発プロジェクト「建設事業への新素材・新材料利用技術の開発」における高耐久性塗装に関する研究成果』（1995年2月）と題する報告書を取りまとめた。報告書は、「第3章　高耐久性樹脂の分類と基本的性質」、「第4章　試験の概要」、「第5章　高耐久性塗料の品質基準案の提案」、「第6章　高耐久性塗装の標準施工仕様の提案」等で構成されている。新素材総プロの高耐久性塗料に関する研究では、**表17-1**に示すように、高耐久性塗装仕様を確立するための技術資料を整備することを目的としていた。報告書により目的を達成できたと考えている。

高耐久性塗料に関する研究は、建築研究所と高耐久性樹脂製造者との共同研究として実施された。共同研究の相手先は、①旭硝子㈱、②アクリルシリコン会、③関西ペイント㈱、④セントラル硝子㈱、⑤大日本インキ化学工業㈱、⑥東亜合成化学工業㈱であった。当時の名称で示している。**表17-2**に示すA社からF社は、前述の①から⑥に対応している。共同研究相手を塗料用原料樹脂の製造者としたのは熟慮の結果である。高耐久性塗料は、当然、塗料製造者により製造販売されている。しかし、高耐久性塗料のキイポイントは塗料用樹脂の構造にある。塗料製造者と共同研究を実施した場合、樹脂構造が曖昧・不明確なままで評価および標準化が進むことを危惧した。一方で、共同研究相手とした塗料用樹脂製造者は評価試験に使用する高耐久性塗料そのものを供給していない。そこで、塗料用樹脂製造者に原料樹脂の特性が発揮できていると判断した塗料製造者の高耐久性塗料を指定してもらい、その高耐久性塗料を評価対象とした。

A社（旭硝子）の樹脂は、フルオロエチレンとビニルエーテルの交互共重合体（FEVE）を骨格とする溶剤可溶形ポリマーである。側鎖に水酸基を有しており、イソシアネートと架橋反応して硬化する。B社（アクリルシリコン会）の樹脂は、側鎖または主鎖の末端にアルコキシシリル基〔$-Si(OR)_3$〕を有するビニル系またはアクリル系ポリマーであり、触媒や空気中の湿分によりアルコキシシリル基が加水分解し、縮合し、シロキサン結合（-Si-O-Si-）を形成して架橋する。なお、アクリルシリコン会は、鐘淵化学工業（現：カネカ）が製造する上記樹脂（アクリルシリコン樹脂）を原料とする塗料製造会社のグループである。

C社（関西ペイント）はA社のFEVE樹脂を非水ディスパージョン（NAD）化した

樹脂を開発し、イソシアネートと架橋して硬化する塗料とした。また、シロキサン結合(-Si-O-Si-)およびエポキシキレートにより架橋硬化する樹脂も対象とした。関西ペイントは塗料製造業者であるが、同時に塗料用樹脂製造者でもあるため共同研究に参加した。D社(セントラル硝子)の樹脂は、フルオロエチレン、ビニルモノマー、アリルエーテル等の共重合ポリマーを骨格とする溶剤可溶形ポリマーであり、ポリマーに含まれる水酸基とイソシアネートが架橋反応して硬化する。

E社(大日本インキ化学工業)樹脂は①フルオロエチレン、ビニルエーテル、ビニルエステルの共重合ポリマーでイソシアネートにより架橋硬化する溶剤可溶形ポリマー、②同じくフルオロエチレン、ビニルエーテル、ビニルエステルの溶剤可溶形共重合ポリマーの溶剤乾燥形塗料(一液形)、③フルオロエチレン、ビニルエーテル、ビニルエステルの共重合ポリマーの水性エマルション塗料(一液形)を評価対象とした。更に、④アルコキシシリル基とエポキシ基を有するアクリルシリコン樹脂の二液形溶剤可溶形塗料も対象とした。F社(東亞合成化学工業)の樹脂は側鎖にポリシロキサンをグラフトした溶剤可溶形アクリル樹脂であり、イソシアネートにより架橋硬化する。なお、高耐久性塗料との比較のため、溶剤形ポリウレタン塗料と溶剤形アクリル樹脂エナメルを評価対象に加えた。

高耐久性塗料のキイポイントは塗料用樹脂の構造であると前述したが、塗料製造業者の技術開発も重要だったことを説明しておきたい。共同研究を通じて、塗料用ふっ素樹脂製造者が指定した塗料製造者と意見

表17-2　最終講義「Bonding and Cross-Linking」スライド84/151

製造会社	大分類	化学的分類		
		架橋システム	主鎖	硬化剤
A社	ふっ素*1	NCO/OH	ﾌﾙｵﾛｴﾁﾚﾝ、ﾋﾞﾆﾙｴｰﾃﾙ交互共重合体	イソシアネート基(NCO)含有化合物
B社	シリコン*2	Si-O-Si	アクリルシリコン	硬化触媒
C社	ふっ素	NCO/OH	非水ディスパージョン 連続相(FEVE)界面ｸﾞﾗﾌﾄ 分散相(アクリル)	イソシアネート基(NCO)含有化合物
	シリコン	Si-O-Si ｴﾎﾟｷｼｷﾚｰﾄ	エポキシシリコンアクリル	内部触媒
D社	ふっ素	NCO/OH	ﾌﾙｵﾛｴﾁﾚﾝ、ﾋﾞﾆﾙﾓﾉﾏｰ、ｱﾘﾙｴｰﾃﾙの共重合体	イソシアネート基(NCO)含有化合物
E社	ふっ素	NCO/OH	ﾌﾙｵﾛｴﾁﾚﾝ、ﾋﾞﾆﾙｴｰﾃﾙ、ﾋﾞﾆﾙｴｽﾃﾙの共重合体	イソシアネート基(NCO)含有化合物
	ふっ素	NCO/OH	ﾌﾙｵﾛｴﾁﾚﾝ、ﾋﾞﾆﾙｴｰﾃﾙ、ﾋﾞﾆﾙｴｽﾃﾙの共重合体で上記と異なるもの	イソシアネート基(NCO)含有化合物
	シリコン	ｱﾐﾝ/ｴﾎﾟｷｼ Si-O-Si	アクリル	Si(OR)nO
F社	シリコン	NCO/OH	シリコングラフトアクリル	イソシアネート基(NCO)含有化合物
−	ウレタン*3	NCO/OH	アクリルポリオール	イソシアネート基(NCO)含有化合物
−	アクリル*4	−	アクリル	−

評価対象とした高耐久性樹脂の分類

1.常温乾燥形ふっ素樹脂(6種類)

2.アクリルシリコン樹脂(4種類)

3.ポリウレタン樹脂(1種:比較用)

4.アクリル樹脂(1種:比較用)

交換をした。塗料用樹脂の構造がキイポイントであると思い込んでいた筆者に対して、塗料製造の技術者は約2時間にわたって講義（説教）してくれた。ふっ素樹脂は既存のポリウレタン樹脂やアクリル樹脂と極性等が異なる。したがって、従来の顔料をそのまま使用すると樹脂と顔料との相溶性が悪く問題が生じる。この問題を解決するため、ふっ素樹脂製造者に注文して側鎖にカルボキシル基（-COOH）等を導入して極性を変化させたり、新しい顔料の選択や顔料の表面処理等を実施したり、多大な技術開発が必要だったということであった。「新しい構造の樹脂を塗料化するには、それなりの技術開発が必要なのです。」というのが塗料製造技術者の講義のポイントであった。筆者は、この講義を聞いて認識を新たにし、塗料製造者に敬意を払うようになった。

高耐久性樹脂塗料は、ふっ素樹脂塗料とシリコン樹脂塗料に大別できる。C-F（116kcal/mol）やSi-O（108kcal/mol）の結合エネルギーは、C-H（99kcal/mol）やC-C（83 kcal/mol）の結合エネルギーや紫外線エネルギー（波長300nmで95kcal/mol、400nmで72kcal/mol）より大きい。したがって、結合が解離しないというのが高耐久性樹脂の理屈である。しかし、高耐久性樹脂中の全ての結合がC-F、Si-Oという訳ではない。C-H（99kcal/mol）、C-C（83kcal/mol）等の結合も大量に含んでいる。した　がって、どの程度の耐候性であるかを評価する必要がある。

高耐久性塗料は耐候性に優れているという特長から、塗装仕様の中の上塗り塗料として利用される。高耐久性塗料の研究では、①遊離塗膜、②上塗り塗料のみ、③複層仕上塗材仕様、④防水形複層仕上塗材仕様、⑤防錆塗装仕様、⑥エナメル塗装仕様等の種々の試験体を対象に評価を実施した。本稿では、**表17-3**に示すように、上塗り塗料のみの試験体（アルミニウム板をクロメート処理し、その上に約50μm高耐久性塗料を塗装した試験体）および防水形仕上塗材の上塗材である軟質形の遊離塗膜について結果を紹介する。

図17-1に代表的なふっ素樹脂系塗料、シリコン樹脂系塗料、および比較用のアクリル樹脂エナメルを対象としたサンシャインカーボンアーク灯による促進耐候性試験5000時間までの60度光沢保持率の変化を示す。光沢保持率は、ふっ素樹脂系塗料＞シリコン樹脂塗料＞アクリル樹脂エナメルという結果が得られた。

図17-2は、**図17-1**と同一のふっ素樹脂系塗料、シリコン樹脂系塗料、および比較用のアクリル樹脂エナメルについて、サンシャインカーボンアーク灯による促進耐候性試験を5000時間実施した後の塗膜表面を電子顕微鏡により観察したものである。ふっ素樹脂系塗料では顔料周辺に部分的な劣化が認められるが、塗膜表面は平滑であり、光沢度は高いと推測される。シリコン樹脂系塗料では全面にわたって顔料が部分露出している。光沢度も低下していると推測される。アクリル樹脂エナメルでは塗膜表面の樹脂が分解・消失しており、顔料が露出している。すなわち、白亜化が生じていると推測される。**図17-2**に示した塗膜表面の電子顕微鏡写真は、**図17-1**に示した光沢保持率の変化と合理的に対応している。

次に、**図17-3**に、樹脂構造の異なるふっ素樹脂エナメル5種類の60度光沢保持率の変化を示す。いずれの塗料も3000時間照射時点で光沢保持率80%以上であった。

表17-3 最終講義「Bonding and Cross-Linking」スライド85/151

上塗り塗膜としての耐久性評価

- クロメート処理したアルミニウム板に高耐久性樹脂塗料を塗付した試験体
- 促進耐候性試験5000時間、色差・光沢(20度反射率、60度反射率)測定、電子顕微鏡観察
- 高耐久性樹脂塗膜を促進耐候性試験1000,2000,3000時間実施し、引張り試験を実施した。(防水形仕上塗材の上塗りとしての評価)

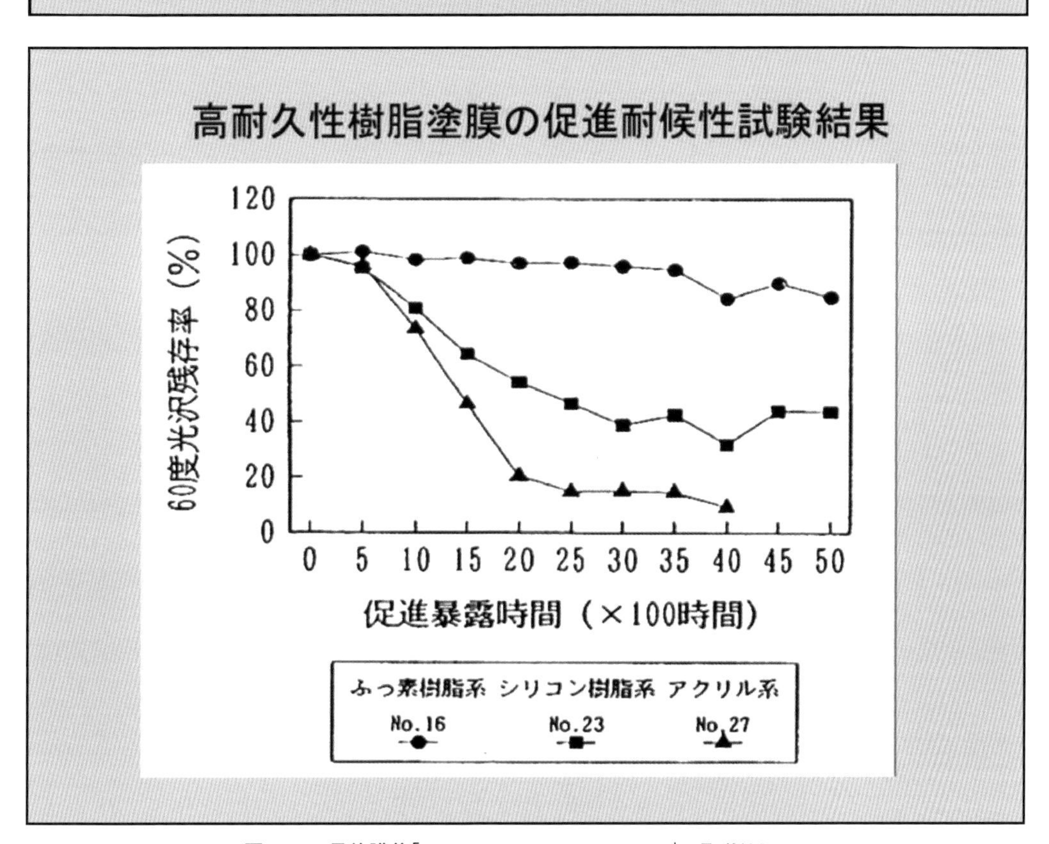

図17-1 最終講義「Bonding and Cross-Linking」スライド86/151

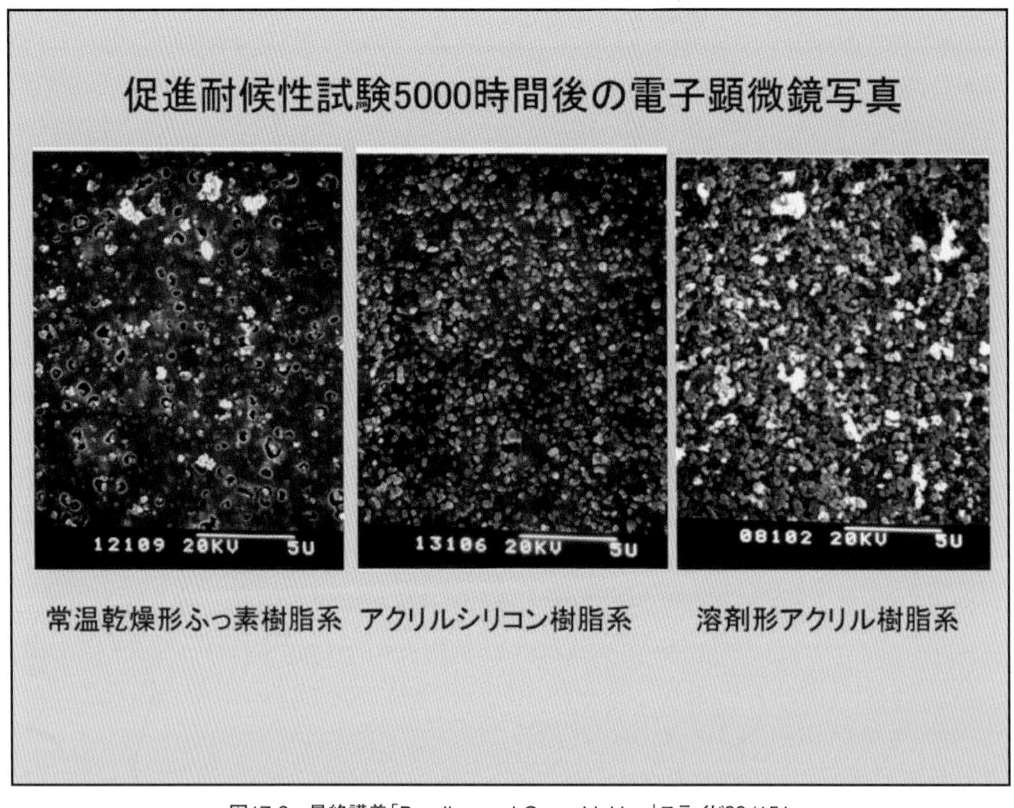

図17-2　最終講義「Bonding and Cross-Linking」スライド89/151

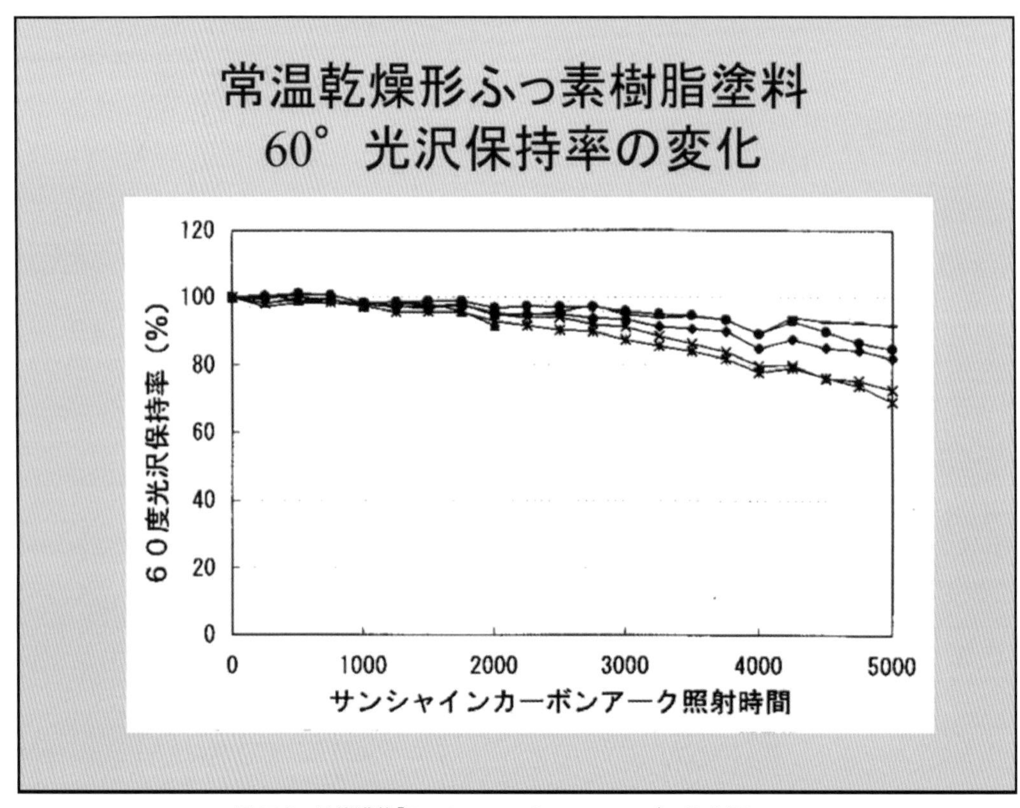

図17-3　最終講義「Bonding and Cross-Linking」スライド88/151

塗料の中には5000時間照射しても光沢保持率80%以上のものも存在している。高耐久性塗料の促進耐候性試験で実務上問題なのは、塗料の劣化が生じるまでに長時間を必要とすることである。ちなみに、5000時間は、208日、約7ヵ月である。カーボンやガラスフィルターの交換や試験体の配置替え等によるロス時間を見込めば更に長期間の試験時間が必要となる。

図17-4は、**図17-3**と同一の塗料の20度光沢保持率の変化を示している。一般に、20度鏡面光沢は光沢度の高い材料の測定に適用される。一般塗膜には、60度鏡面光沢を測定するのが標準的であるが、**図17-4**に示したように20度鏡面光沢による光沢保持率を測定する方が光沢低下の徴候をより早期に把握することができる。しかし、測定値がバラつき易いことも確認できた。「高耐久性塗料研究会」の提案としては、60度鏡面光沢の保持率で劣化程度を規定するのがよいと提案した。JIS規格においても、60度鏡面光沢の保持率で規定している。

一連の評価試験の中で、**表17-3**の最後の項目に示したように、軟質形高耐久性樹脂塗膜(防水形複層仕上塗材の上塗材として利用される)を対象とした促進耐候性試験も実施した。促進耐候性試験による引張り破断伸び率の変化を**図17-5**に示す。**図17-5**に明らかなように、比較用のポリウレタン樹脂塗膜は初期も含めて100%以上の破断伸び率を保持している。また、ふっ素樹脂塗膜の伸び率は3000時間後でも50%以上であった。アクリルシリコン樹脂塗膜では促進耐候性試験による破断伸び率の低下が認められた。なお、図示していないが、

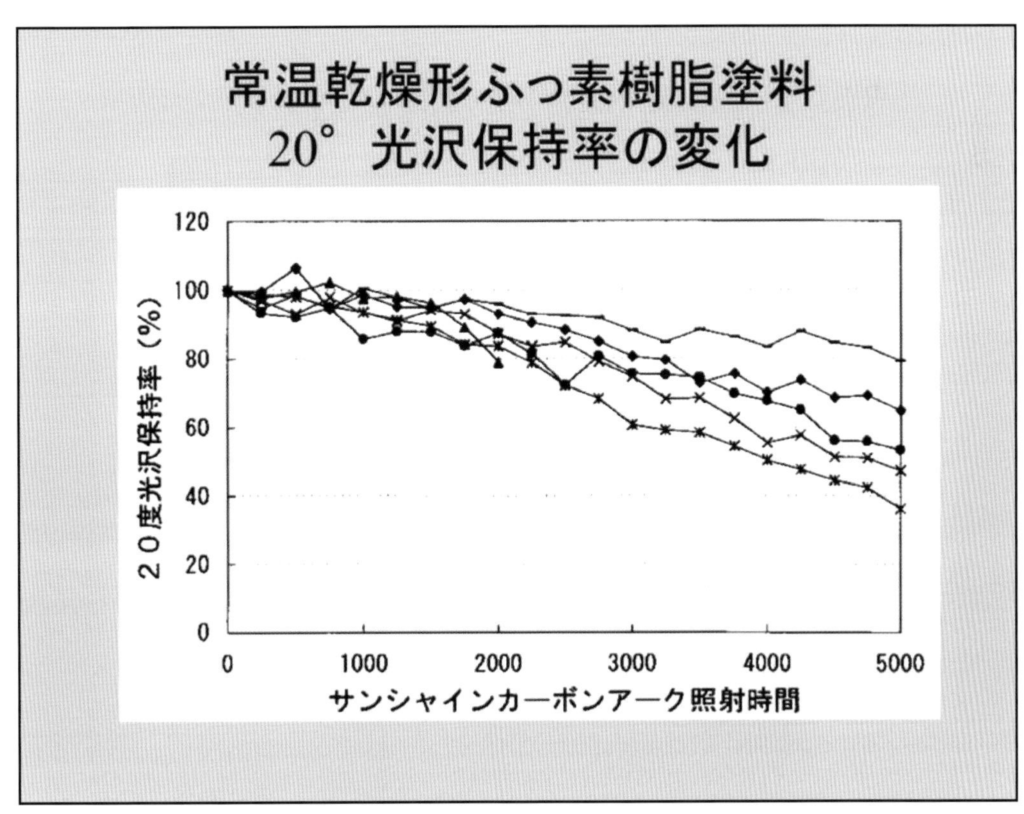

図17-4　最終講義「Bonding and Cross-Linking」スライド87/151

引張り強さについては、全ての塗膜について、3000時間まで低下はほとんど認められなかった。上塗り塗膜の引張り特性等は、光沢保持率と同じような耐久性挙動を示していないことを確認できた。

今回のまとめを**表17-4**および**表17-5**に示す。高耐久性塗料については新素材総プロ中にJIS化作業が進行し、1992年にJIS K 5658（建築用ふっ素樹脂塗料）およびJIS K 5659（鋼構造物用ふっ素樹脂塗料）が制定された。前述した高耐久性塗料研究会の報告書の「第5章　高耐久性塗料の品質基準案の提案」では、ふっ素樹脂塗料はサンシャインカーボンアーク灯による促進耐候性試験3000時間後に光沢保持率80％以上であることを提案した。しかし、制定されたJIS K 5658およびJIS K 5659では、サンシャインカーボンアーク灯による促進耐候性試験1000時間後の光沢保持率が80％以上であることと規定された。1000時間照射で同時期にJIS化されたJIS K 5656（建築用ポリウレタン樹脂塗料）との区別が可能であること、長時間の促進耐候性試験では品質確認の負担が増加すること等が理由であったと記憶している。JIS K 5656:1992（建築用ポリウレタン樹脂塗料）では促進耐候性試験500時間での光沢保持率70％以上を規定していた。また、シリコン樹脂系塗料についてはJIS化されることはなかった。そのため、日本建築学会は、材料規格としてJASS 18 M-404（アクリルシリコン樹脂塗料）を制定した。これらの高耐久性塗料の品質基準の変遷等については次章で解説する。

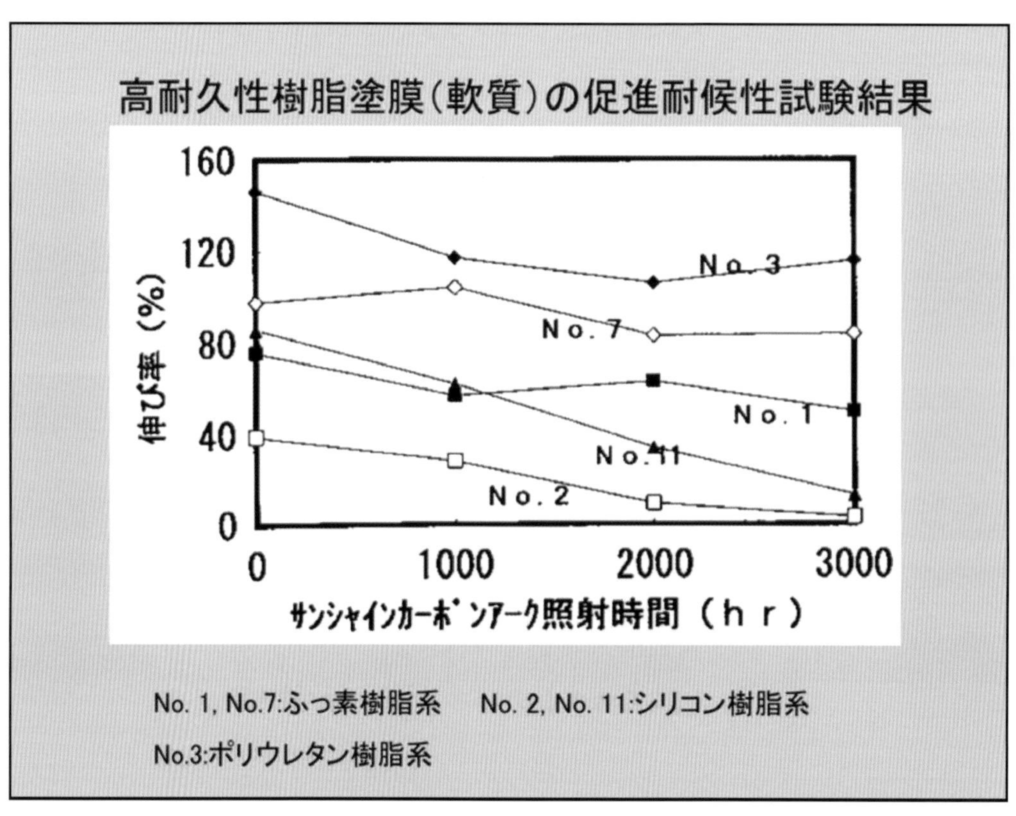

図17-5　最終講義「Bonding and Cross-Linking」スライド90/151

表17-4　最終講義「Bonding and Cross-Linking」スライド81/151

高耐久性樹脂塗料　まとめ

- 各高耐久性樹脂塗膜の促進耐候性試験における標準的光沢保持率を把握した。（ふっ素樹脂系3000時間で光沢保持率80%、シリコン樹脂系硬質2000時間で光沢保持率80%以上、軟質1000時間で80%以上）
- 5000時間後は電顕観察で殆どの塗膜に何らかの劣化が認められた。
- 促進耐候性試験時間を短縮するためには光沢保持率を20度反射で測定することが有効であるが、測定値がばらつきやすくなる。

表17-5　最終講義「Bonding and Cross-Linking」スライド81/151

- 防水形複層仕上塗材の上塗りに使用される軟質形上塗り塗料の塗膜について、促進耐候性試験を3000時間まで実施し、引張り試験を実施したが引張り強度は既存塗料であるポリウレタン樹脂塗料を含めて低下していなかった。アクリルシリコン樹脂塗料に伸び性能の低下が認められたが、それ以外の試験体は伸び性能をほぼ保持することが確認された。
- 引張り特性は塗膜全体の性能であり、表層部分が評価対象となる光沢保持率と傾向は必ずしも一致しない。

第18章
高耐久性塗料の研究（後編）

前章では、上塗り塗料の耐久性評価について解説した。高耐久性塗料は塗装仕様の中で上塗り塗料として利用される。高耐久性塗料研究会では、上塗り塗料の耐久性評価に加えて、**表18-1**に示すように、①鉄部の防錆塗装仕様、②セメント系素地に対するエナメル塗装仕様、および③複層仕上塗材塗りについて耐久性評価を行った。防錆塗装仕様については塩水噴霧試験および屋外暴露試験、セメント系素地に対するエナメル塗装および複層仕上塗材塗りについてはブリスターボックス試験、促進中性化試験および屋外暴露試験等を実施した。

防錆塗装仕様の塩水噴霧試験結果を**図18-1**に示す。上塗りは高耐久性塗料であるふっ素樹脂塗料と比較用塗料であるポリウレタン樹脂塗料とした。また、下塗りの錆止め塗装工程をジンクリッチプライマー＋エポキシ樹脂系プライマー（２回塗り）とした重防食仕様と、エポキシ樹脂系プライマー（２回塗り）とした並防食仕様を評価した。**図18-1左**に示すように、重防食仕様の試験体ではポリウレタン樹脂塗料が上塗りの試験体であっても、塩水噴霧2000時間後に発錆は認められない。しかし、**図18-1右**に示すように並防食仕様の試験体ではふっ素樹脂塗料が上塗りの試験体であっても1000時間後にはスクラッチマーク部分から発錆が認められる。すなわち、塩水噴霧試験では下塗りである錆止め塗装工程の差異が試験体の発錆時間に大きな影響を与えた。紫外線劣化を与えない塩水噴

表18-1　最終講義「Bonding and Cross-Linking」スライド93/151

霧試験では、ふっ素樹脂塗料とポリウレタン樹脂塗料を上塗りにしたことに起因する差異は認められなかった。

次に、モルタル試験体を下地として複層仕上塗材RE（上塗材：ふっ素樹脂塗料）、複層仕上塗材RE（上塗材：ポリウレタン樹脂塗料）および薄付け仕上塗材Eを施工した試験体を対象に同一条件で促進中性化試験を実施した。その結果を**図18-2**に示す。**図18-2**に明らかなように、2種類の複層仕上塗材REと薄付け仕上塗材Eとを比較すると、中性化抑制効果に顕著な差が認められる。しかし、ふっ素樹脂塗料を上塗材とした複層仕上塗材RE（**図18-2左**）とポリウレタン樹脂塗料を上塗材とした複層仕上塗材RE（**図18-2中**）とを比較しても中性化抑制効果に差異は認められず、両試験体に高い中性化抑制効果が認められた。促進中性化試験は塩水噴霧試験と同様に紫外線劣化を与えない環境で実施されるため、上塗材の劣化に起因する差異は認められない。

防錆塗装試験体および複層仕上塗材塗り試験体については、屋外暴露試験を実施して光沢保持率の変化等を追跡した。例として、ふっ素樹脂塗料を上塗りとした重防食仕様試験体の60度光沢保持率の変化を**図18-3**に示す。屋外暴露開始後1年程度まで光沢保持率が低下しているが、これは表面に付着した汚れに起因するものと考えられる。その後は安定的な光沢保持率を維持し、殆どの試験体が4.5年経過後も1年経過後と同程度の光沢保持率を維持した。

更に、セメント系素地に対するエナメル塗装仕様に関してはブリスターボックス試験を実施し、防錆塗装試験体に対しては屋

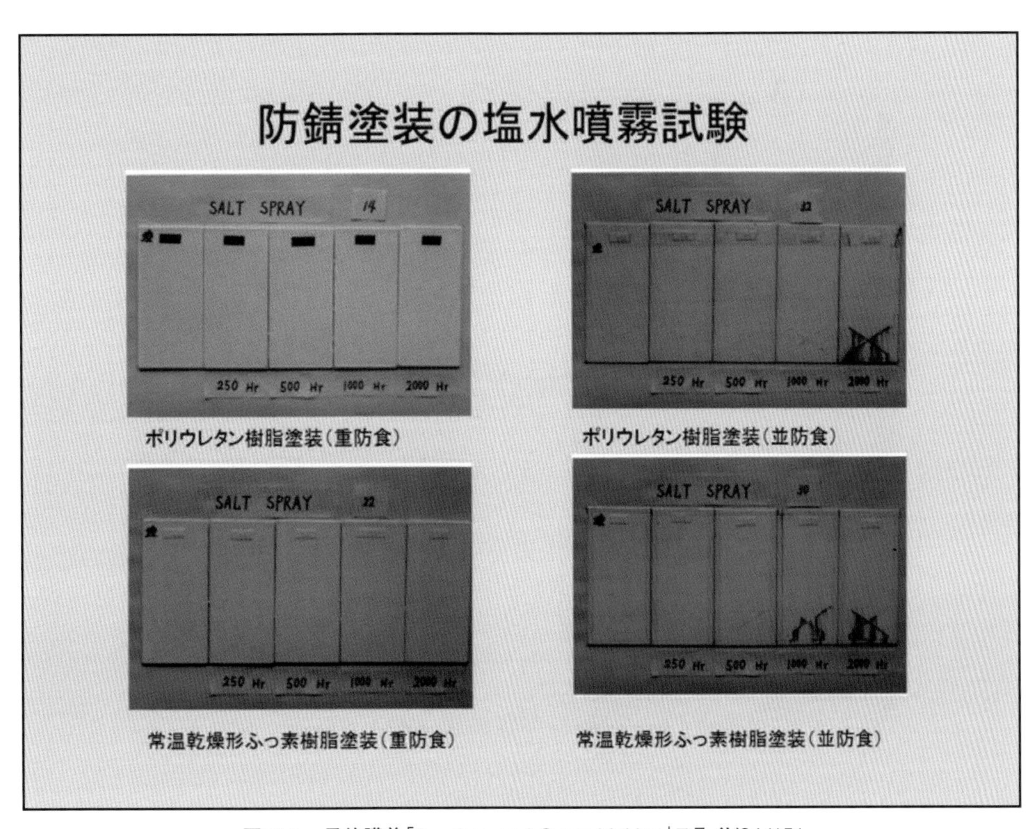

図18-1　最終講義「Bonding and Cross-Linking」スライド94/151

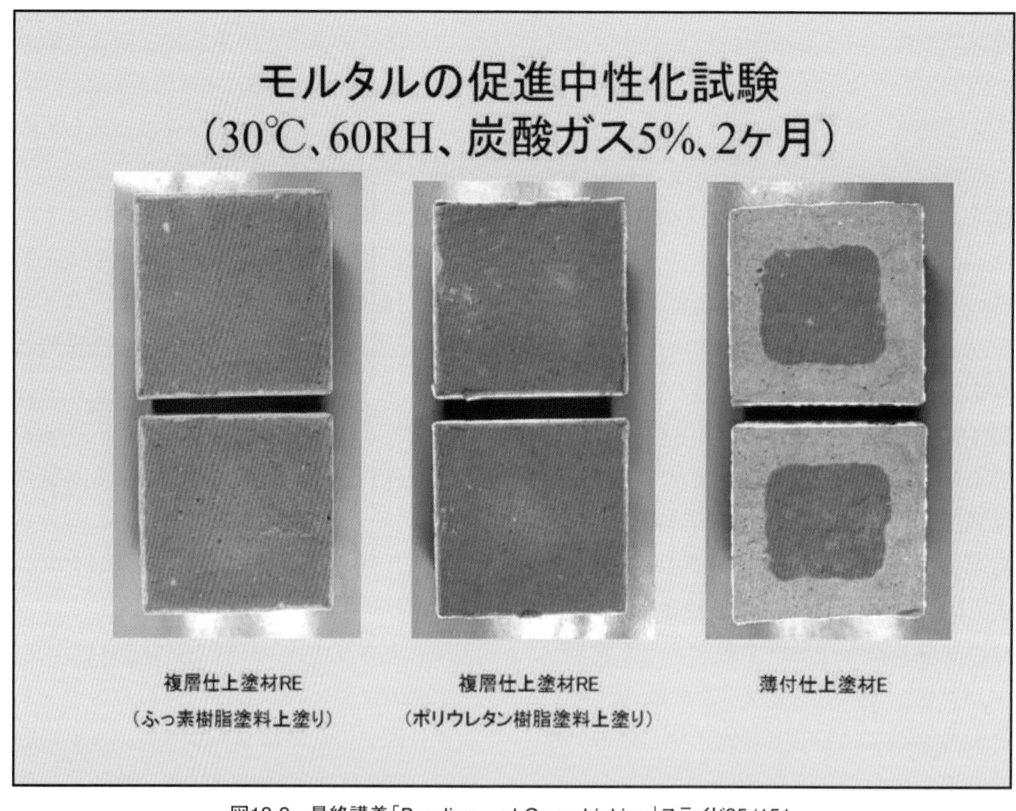

図18-2　最終講義「Bonding and Cross-Linking」スライド95/151

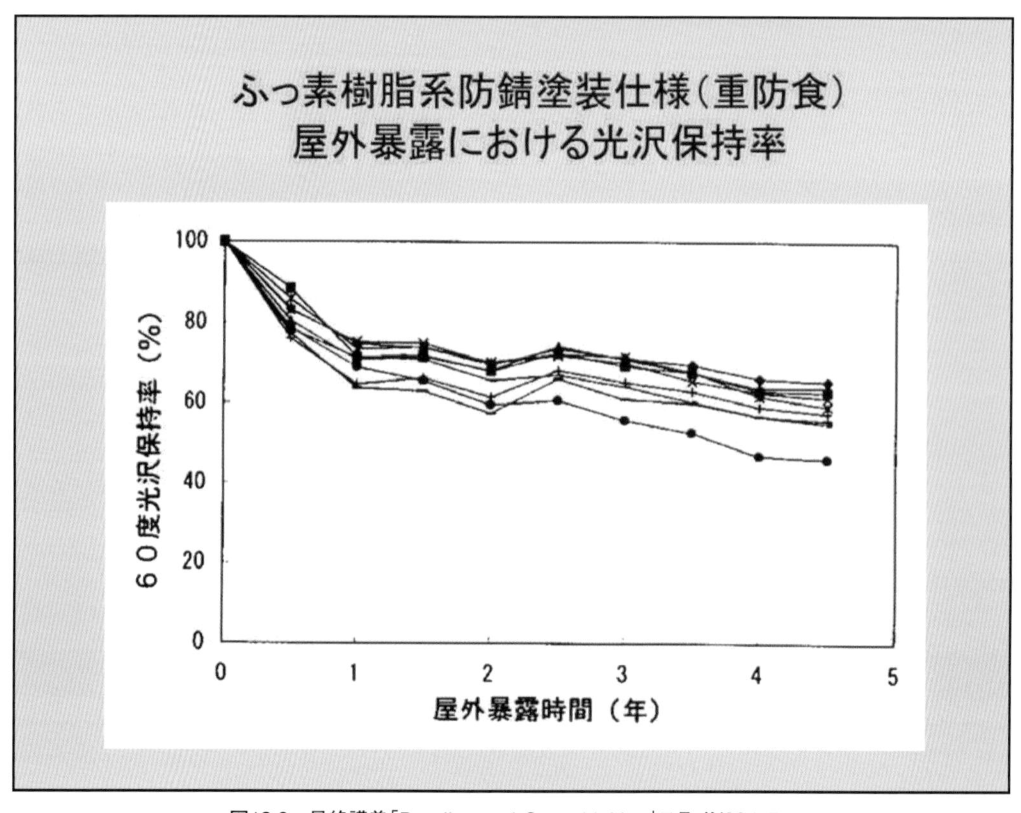

図18-3　最終講義「Bonding and Cross-Linking」スライド96/151

外暴露試験時や塩水噴霧試験時に碁盤目試験を実施して、高耐久性塗装仕様の層間付着性について評価した。

高耐久性塗料を上塗りとした防錆塗装仕様、セメント系素地に対するエナメル塗装仕様および複層仕上塗材塗り仕様に対する評価結果のまとめを**表 18-2** に示した。高耐久性塗料研究会は実際の塗装仕様に関する評価結果に基づき、①金属製素地に対するふっ素樹脂エナメル塗り仕様およびアクリルシリコン樹脂エナメル塗り仕様を、ⅰ鉄鋼面に対する重防食仕様、ⅱ鉄鋼面に対する一般防食仕様、ⅲ亜鉛メッキ面・アルミニウム面・ステンレス面に対する塗装仕様に整理して、および②セメント系素地に対する塗装仕様を、ⅰふっ素樹脂エナメル塗り仕様並びにアクリルシリコン樹脂エナメル塗り仕様、ⅱふっ素樹脂クリアー塗り仕様並びにアクリルシリコン樹脂クリアー塗り仕様に整理して提案した。また、焼付塗装に適用する塗装仕様も提案した。詳細な塗装仕様は、高耐久性塗料研究会の報告書である『建設省総合技術開発プロジェクト「建設事業への新素材・新材料利用技術の開発」における高耐久性塗装に関する研究成果』(1995 年 2 月) の「第 6 章　高耐久性塗装の標準施工仕様の提案」に実際の施工例と共に示されている。

次に、高耐久性塗料標準化の現状について解説する。金属系素地に対する防錆塗装仕様の上塗りに利用される耐候性塗料は**表 18-3** に示す JIS K 5659:2008 (鋼構造物用耐候性塗料) として標準化されている。(JIS K 5659:2008 は、筆者の最終講義後の 2018 年 9 月 20 日に、水性の耐候性塗料を新たに加えて JIS K 5659:2018 に改正され

表18-2　最終講義「Bonding and Cross-Linking」スライド97/151

高耐久性塗装仕様　まとめ

- 塩水噴霧試験、促進中性化試験では高耐久性樹脂塗料の塗装仕様と既存塗料(ポリウレタン樹脂塗料)の塗装仕様とで明瞭な差は認められなかった。塩水噴霧試験では錆止め塗装の影響が大きい。仕上塗材の種類の影響も大きい。
- 屋外暴露においても劣化現象(われ、はがれ、錆び等)は認められなかった。色差(汚れ)は既存塗料より僅かに高い。

た。しかし、本稿で解説する内容について影響はないので、**表18-3**をそのまま使用させていただく。）また、セメント系素地に対するエナメル塗り仕様の上塗り塗料に利用される耐候性塗料は、**表18-4**に示すJIS K 5658:2010（建築用耐候性上塗り塗料）として標準化されている。前章で述べたように、高耐久性塗料は1992年にJIS K 5658（建築用ふっ素樹脂塗料）、JIS K 5659（鋼構造物用ふっ素樹脂塗料）として標準化されたが、現在、**表18-3**および**表18-4**のJISに統合されている。

ポイントは、耐候性塗料の原料が、①ふっ素系樹脂、②シリコン系樹脂またはシリコーン系樹脂、③ポリウレタン系樹脂のいずれかと規定されていること、そして、耐候性塗料が1級、2級、3級に区分され、その等級は促進耐候性試験（キセノンランプ法）における60度光沢保持率および屋外暴露試験により規定され、原料樹脂の種類では規定されていないことの二点である。

マニアックな視点からは、①JIS K 5659とJIS K 5658で促進耐候性試験の時間が微妙に異なること（屋外暴露試験の結果が得られた後の規定は同一）と、②原料樹脂の呼び名がシリコン系樹脂とシリコーン系樹脂に分かれていることが気になる点である。①に関しては、サンシャインカーボンアーク灯を光源とした促進耐候性試験からキセノンランプ法による促進耐候性試験に移行したときに、JIS K 5658では促進耐候性試験時間を長くしたことが理由である。JIS K 5658では、キセノンランプを光源とした促進耐候性試験は、サンシャインカーボンアーク灯を光源とした促進耐候性試験と比較して、劣化促進性がやや小さいということから、**表18-4**に示す試験時間を規定した。

②について言及すると、新素材総プロや高耐久性塗料研究会ではシリコン系樹脂と呼称されていた。この原料樹脂を利用する塗料製造者のグループも前章に述べたように「アクリルシリコン会」であり、「アクリルシリコーン会」ではなかった。現在でも、カタログやパンフレット等を参照すると「アクリルシリコン樹脂」と呼称している塗料が多い。シリコン樹脂は、末端や側鎖にアルコキシシリル基〔-Si（OR）$_3$〕を有し、それが加水分解し、縮合し、シロキサン結合（-Si-O-Si-）を形成して架橋硬化するものである。コンクリート表面に塗布される浸透性吸水防止材にもこの反応を利用した種類がある。シロキサン結合単位が長く連なる高分子であればシリコーン系樹脂と呼称してもいいが、「アクリルシリコン樹脂」製造者の説明ではシロキサン結合単位の繰返しは少ないと考えられた。そのために樹脂製造者も「アクリルシリコン樹脂」と呼称していると思う。本稿で告白するが、JIS K 5658のシリコン系樹脂をシリコーン系樹脂に変えた改正原案作成委員会の委員長は筆者であった。筆者は、前述した考えから、シリコン樹脂系のままが妥当であると主張したが、委員会メンバーの多数がシリコーン系樹脂を支持し、多数決の結果、シリコーン系樹脂となった。JIS原案作成委員会のメンバーは中立者、使用者側、製造者側で構成されるが、製造者側委員は品質保証関係の技術者が多い。名刺を見ると、多くの製造者側委員は品質保証部に所属している技術者である。筆者の主観であるが、アクリルシリコン樹脂を原料とした塗料を製造して樹脂構造を理解している技術者やアクリルシリコン樹脂塗料のカタログを使用して塗料を販売している営業マンは委員になっていない。アクリルシリコン樹脂と

表18-3　最終講義「Bonding and Cross-Linking」スライド98/151

JIS K 5659:2008
鋼構造物用耐候性塗料

- 上塗り塗料の等級：1級、2級、3級
- 上塗り塗料の原料：ふっ素系樹脂、シリコン系樹脂、ポリウレタン系樹脂とする。（溶剤形）
- 上塗り塗料の促進耐候性試験時間
- 1級（2,000時間　光沢保持率80%以上）
  - 屋外暴露試験後は（500時間　光沢保持率90%以上）
- 2級（1,000時間　光沢保持率80%以上）
  - 屋外暴露試験後は（300時間　光沢保持率90%以上）
- 3級（500時間　光沢保持率70%以上）
  - 屋外暴露試験後は（300時間　光沢保持率80%以上）

表18-4　最終講義「Bonding and Cross-Linking」スライド99/151

JIS K 5658:2010
建築用耐候性上塗り塗料

- 上塗り塗料の等級：1級、2級、3級
- 上塗り塗料の原料：ふっ素系樹脂、シリコーン系樹脂、ポリウレタン系樹脂とする。（溶剤形）
- 上塗り塗料の促進耐候性試験時間
- 1級（2,500時間　光沢保持率80%以上）
  - 屋外暴露試験後は（500時間　光沢保持率90%以上）
- 2級（1,200時間　光沢保持率80%以上）
  - 屋外暴露試験後は（300時間　光沢保持率90%以上）
- 3級（600時間　光沢保持率70%以上）
  - 屋外暴露試験後は（300時間　光沢保持率80%以上）

殆ど接点のない（しかし、塗料の試験方法全般については大変詳しい）品質保証部の技術者が委員として参加していることが多い。結局、「シロキサン結合が繰り返されたらシリコーン系樹脂が正しいですよね」ということになり、シリコーン樹脂系に変更された。「ごまめの歯ぎしり」であるが、一度は書いておきたかった話である。

さて、JIS K 5659:2008とJIS K 5658:2010のポイントに話を戻す。原料樹脂はふっ素系樹脂、シリコン系樹脂（シリコーン系樹脂を含む）、ポリウレタン系樹脂に限定しており、耐候性の等級を1級、2級、3級としている。しかし、これらは1対1に対応するものではないという点が重要である。2008年にJIS K 5659（鋼構造物用ふっ素樹脂塗料）とJIS K 5657（鋼構造物用ポリウレタン樹脂塗料）が統合されて、JIS K 5659:2008（鋼構造物用耐候性塗料）となった。統合前のJIS K 5659（鋼構造物用ふっ素樹脂塗料）とJIS K 5657（鋼構造物用ポリウレタン樹脂塗料）の品質は、統合されたJIS K 5659 :2008（鋼構造物用耐候性塗料）の耐候性1級と耐候性3級に対応していた。すなわち、当初は、JISでは規定していないものの、1級はふっ素系樹脂、2級はシリコン系樹脂、3級はポリウレタン系樹脂を原料とした塗料が標準的であるという認識があったと思う。

しかし、JIS K 5659：2018（鋼構造物用耐候性塗料）の規定では、ふっ素系樹脂塗料は殆ど1級と思われるが、2級であってもJISに準拠した塗料ということになる。シリコン系樹脂塗料に1級の塗料が存在してもよいし、ポリウレタン系樹脂塗料に2級の塗料が存在してよい。耐候性塗料の選定に際しては耐候性の等級と原料樹脂の種類の両者を確認する必要がある。

なお、国土交通省大臣官庁営繕部「公共建築工事標準仕様書（平成31年版）」（以下、「標仕」）のコンクリート面および押出成形セメント板面に対する耐候性塗料塗りであるが、塗装仕様にはA種、B種、C種の3種類があり、素地ごしらえをして、反応形合成樹脂シーラー（JIS規格がないため、日本建築学会材料規格JASS 18 M- 201で規定）を塗付するまでは共通であるが、A種では中塗りは常温乾燥形ふっ素樹脂塗料用中塗りとし、上塗りはJIS K 5658の1級とし、原料樹脂はふっ素樹脂に限定している。B種では、中塗りはアクリルシリコン樹脂塗料用中塗りとし、上塗りはJIS K 5658の2級とし、原料樹脂はシリコーン樹脂に限定している。C種では、中塗りは2液形ポリウレタンエナメル用中塗りとし、上塗りはJIS K 5658の3級とし、原料樹脂はポリウレタン樹脂に限定している。例えば、1級のアクリルシリコン樹脂塗料や2級のポリウレタンエナメルは存在するが、「標仕」ではこのような塗料を適用しない。A種は1級の常温乾燥形ふっ素樹脂塗料塗り、B種は2級のアクリルシリコン樹脂塗料塗り、C種は3級のポリウレタンエナメル塗りに限定している。今後変更される可能性はあるが、現在は上記のように定められている。

以上が高耐久性塗料の現状である。途中でJIS K 5659:2018（鋼構造物用耐候性塗料）を紹介した時に、溶剤形だけでなく水性エマルションの耐候性塗料がJIS化されていることに触れたが、今後も水性化を含めて多様な高耐久性塗料が出現すると考えられる。高耐久性塗装のLCC（生涯費用）を検討する場合は、何年程度の耐久性が期待できるかを把握することが重要である。高耐久性塗装仕様の耐久年数を設定することは容易でないが、使用者側には耐久年数の明確化に関する強いニーズが存在する。

高耐久性塗料の評価では、促進耐候性試験のみでは信頼性が十分とは言えず、屋外暴露試験を継続すると長い期間が必要である。今後出現する多様な高耐久性塗料を適正に評価し、適切な材料標準、施工標準を確立することは重要である。

最後に、新しい高耐久性塗料の例を紹介する。シリコン樹脂系塗料で述べたが、テトラアルコキシシラン $Si(OH)_4$ が理想的に脱水縮合すると**図 18-4** に示すようなシロキサン結合のみの構造が生成する。このような樹脂は硬度が高く、脆弱であるため建築用上塗り塗料には不向きであるが、ポリシロキサン構造と柔軟性に富むアクリル樹脂等を共重合させた樹脂を製造すればポリシロキサン構造に由来する高耐久性を期待できる。このような高耐久性塗料は無機・有機ハイブリッド塗料などと呼称されることもあるが、筆者らはポリシロキサン系塗料と呼称している。耐候性塗料の JIS に照らして言えば、シリコン樹脂系或いはシリコーン樹脂系ということになる。

このポリシロキサン系塗料は促進耐候性試験や屋外暴露試験により評価されている。**図 18-5** は、宮古島のウェザリングテストセンターにおいて5年間屋外暴露した時の 60 度光沢保持率の変化を示している。ポリシロキサン系塗料（溶剤形 MS と水性 ME）、ふっ素樹脂塗料（溶剤形 FS と水性 FE）およびアクリルシリコン樹脂塗料（水性 SE）を比較している。ポリシロキサン系塗料（溶剤形と水性）は、比較用のふっ素樹脂塗料（溶剤形と水性）およびアクリルシリコン樹脂塗料（水性）より良好な光沢保持

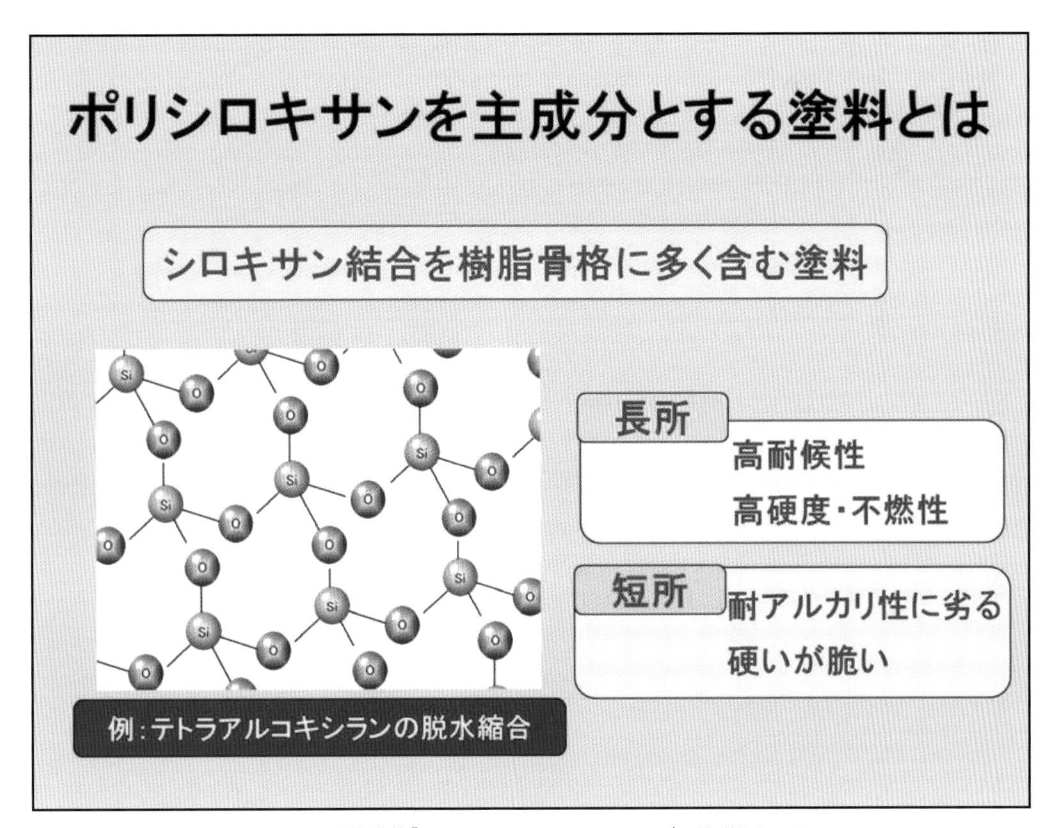

図18-4　最終講義「Bonding and Cross-Linking」スライド101/151

率を示した。図 18-6 には 2 年、3 年、5 年暴露後のふっ素樹脂塗料（溶剤形）表面の電子顕微鏡写真を示す。図 18-7 には同じ暴露期間後のポリシロキサン系塗料（溶剤形）表面の電子顕微鏡写真を示す。図 18-6 と図 18-7 を比較すると、ふっ素樹脂塗料の表面樹脂の分解がポリシロキサン系塗料より早期に進行していることが看取できる。

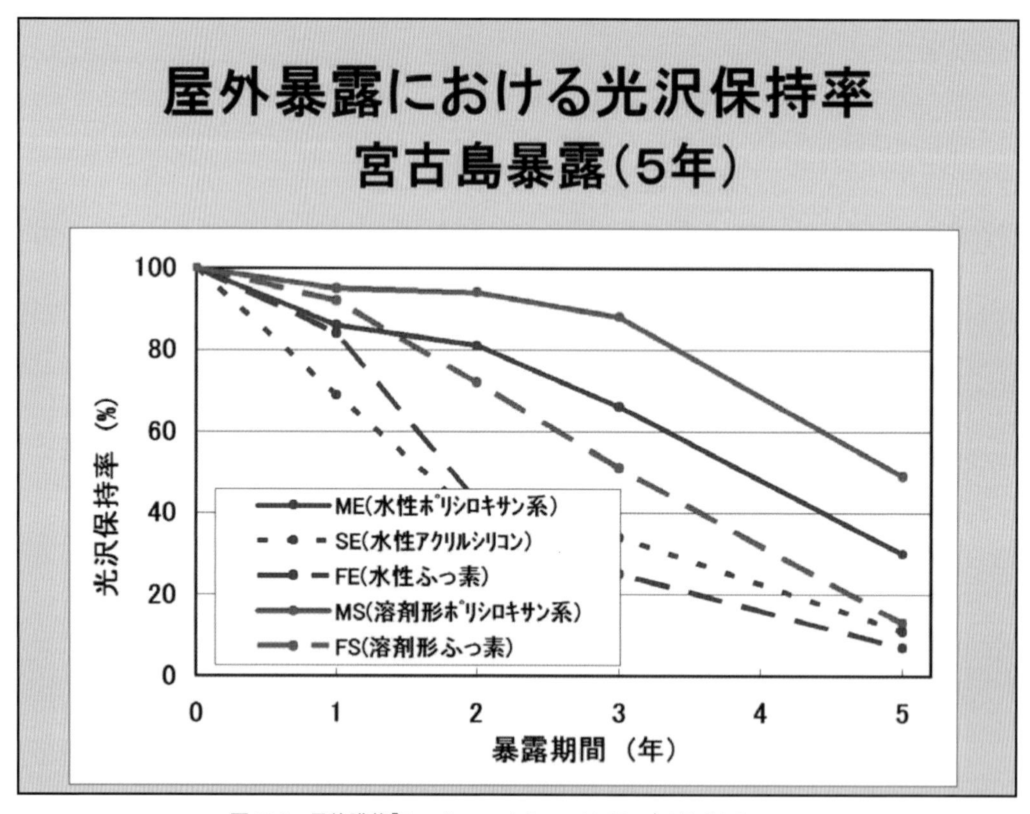

図18-5　最終講義「Bonding and Cross-Linking」スライド104/151

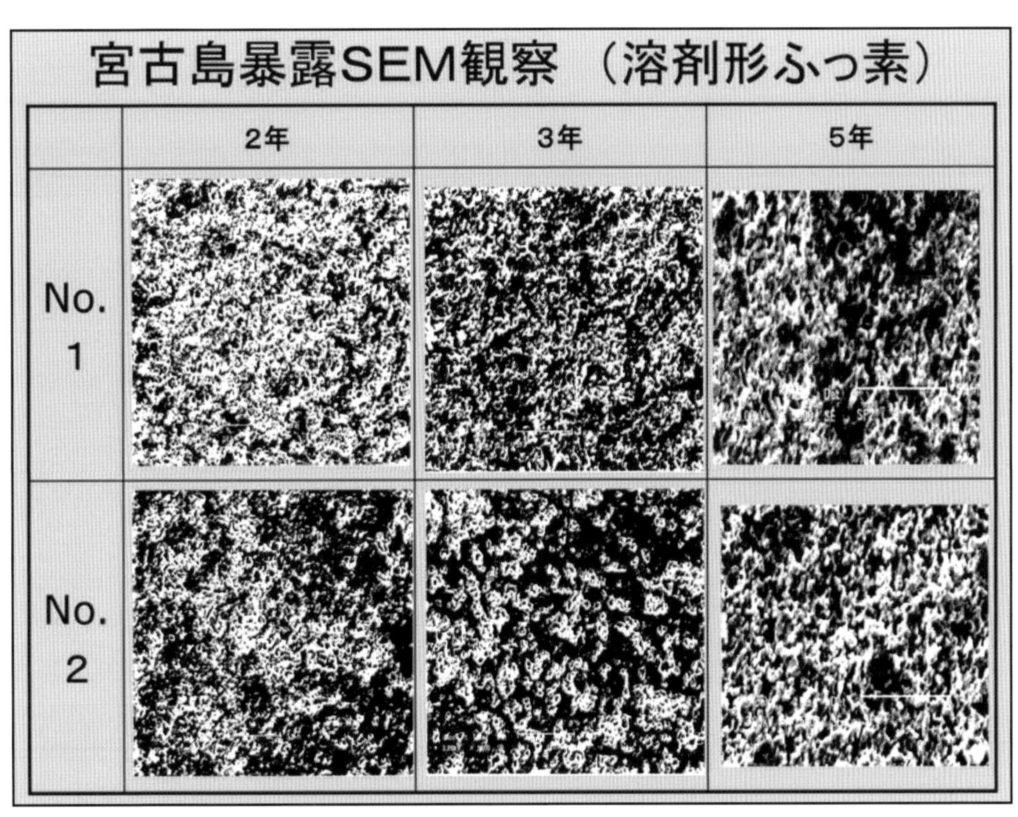

図18-6　最終講義「Bonding and Cross-Linking」スライド105/151

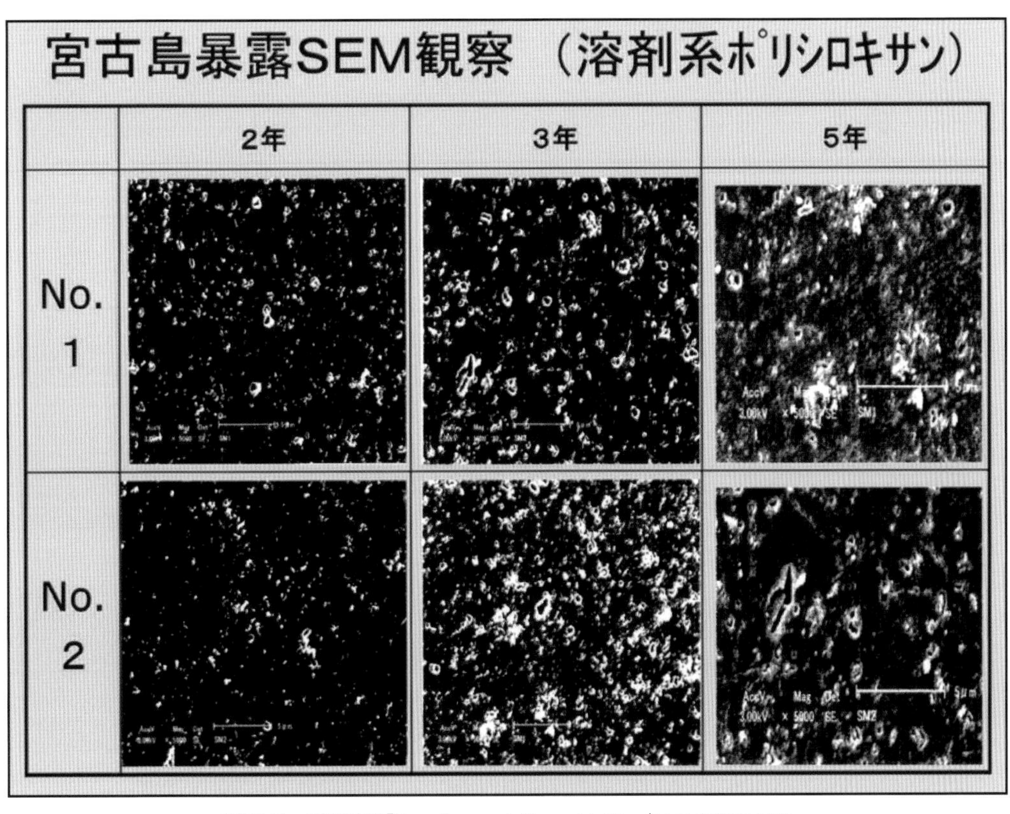

図18-7　最終講義「Bonding and Cross-Linking」スライド106/151

第19章
有機系接着剤による外装タイル張り工法の開発（前編）

本章と次章において、**表19-1**に示す有機系接着剤による外装タイル張り工法の開発について解説する。本テーマに関しては、既に執筆したり、講演したりしている。今回は、研究背景や研究成果の普及等を中心に解説する。

表19-2に示すように、建築への接着剤・接着工法の応用は、コンクリート床へのビニル床タイルの接着剤張りが契機になったと考えている。床仕上げ材だけでなく、天井仕上げ材や壁仕上げ材の施工に関しても、施工合理化を背景に、接着剤・接着工法が発展した。建築内装工事における接着工法の標準化は建築研究所の大先輩である今泉勝吉先生（工学院大学名誉教授）を中心に進められた。今泉先生は建築研究報告No.49「建築内装工事における接着工法に関する研究」（1967）をまとめており、この内容が今泉先生の学位論文となっている。また、今泉先生は、研究を進める中で、接着剤製造業者の実験室内での接着強さのデータ（カタログに掲載されたデータ）と建築現場における接着強さのデータ（施工現場でのデータ）を比較するために、建築現場での接着強さを測定する「建研式引張試験機」を開発した。

内装タイル張り工法に関しては、**表19-3**に示すように、1987年にJIS A 5548（陶磁器質タイル用接着剤）が制定された。また、内装壁タイルおよび内装床タイルについては、JASS 19（陶磁器質タイル張り工事）の中で接着剤張り工法が標準化された。すな

表19-1　最終講義「Bonding and Cross-Linking」スライド107/151

Cross-Linkingの例

- 高耐久性樹脂塗料
- 光触媒
- 外装タイル接着剤張り工法
- アスベスト
- 外壁改修
- 建築保全標準

表19-2 最終講義「Bonding and Cross-Linking」スライド108/151

建築への接着剤・接着工法の応用

- 内装工事（仕上げ工事における接着）
  - 施工の合理化、生産性向上
  - 建築研究報告No.49「建築内装工事における接着工法に関する研究(今泉勝吉)」（1967）
  - JIS A 5536（高分子張り床材用接着剤）制定（1970）
- 外壁補修・改修工事
  - 広島の原爆ドームの補修工事
  - 総プロ「建築物の耐久性向上技術の開発」（1980～1984） エポキシ樹脂注入、シール材充てん等
  - 官庁営繕部監修「建築改修設計指針」発行（1986）
  - JIS A 6024（建築補修用注入エポキシ樹脂）（1981）

表19-3 最終講義「Bonding and Cross-Linking」スライド109/151

建築への接着剤・接着工法の応用

- 内装タイル張り
  - JASS 19 接着剤張り（内装壁タイル、内装床タイル）
  - JIS A 5548（陶磁器質タイル用接着剤）制定（1987）
- 外装タイル部分張替え工法
  - 官庁営繕部監修「建築改修設計指針」（1986）ではセメントモルタルのみ
  - 官庁営繕部監修「建築改修工事共通仕様書（平成4年版）」（1992）ではエポキシ樹脂系接着剤も使用可

わち、筆者らが有機系接着剤による外装タイル張り工法の研究を開始するずっと以前から、内装タイルの接着剤張り工法は標準化され、普及していた。

接着剤・接着工法が次の発展を迎えたのは、**表19-2**示すように、既存建築物（特に外壁）の補修・改修工事への応用である。周知のように、広島原爆ドームの補修工事には、多量のエポキシ樹脂が使用されている。その後、外壁のひび割れ補修として、エポキシ樹脂注入工法が確立して、1981年にJIS A 6024（建築補修用注入エポキシ樹脂）が制定された。

表19-2に示すように、建設省建築研究所では1980年から1984年にかけて建設省総合技術開発プロジェクト「建築物の耐久性向上技術の開発」（以下、耐久性総プロ）が実施された。耐久性総プロの中で、コンクリート打放し外壁、タイル張り仕上げ外壁、およびセメントモルタル塗り仕上げ外壁等に対する補修・改修工法が研究開発された。研究成果として、ひび割れ部へのエポキシ樹脂注入工法およびUカットシール材充てん工法、浮き部へのアンカーピンニングエポキシ樹脂注入工法、欠損部へのエポキシ樹脂モルタル充てん工法等が標準化された。接着剤の特性を上手に利用した接着工法が建築物の補修・改修工事の中で普及していった。

しかし、外装タイルを有機系接着剤張りするという施工法が認知されるのは容易なことではなかった。一例を挙げると、外装タイル張り仕上げの補修・改修工法の一つに「タイル部分張替え工法」がある。これは、タイル陶片の剥落を対象とする、部分的なタイル張替え工法であるが、**表19-2**に示すように、建設大臣官房官庁営繕部監修「建築改修設計指針」（1986）では張付け材料はセメントモルタルのみであり、建設大臣官房官庁営繕部監修「建築改修工事共通仕様書」（1992）で、「タイル部分張替え工法」の張付け材料として、初めてエポキシ樹脂が使用可能となった。

このように、接着剤・接着工法を環境条件の厳しい外壁に応用することは、慎重に検討する必要があった。今泉先生が、耐久性総プロに参加していた時に、「内装における接着工法は既に確立・普及している。外壁補修における接着剤の利用についても耐久性総プロで標準化され、普及が期待される。次の課題は、環境の厳しい外装仕上げ工事に接着剤を利用することだ。」という主旨の話をしていたことを記憶している。

筆者らは、**表19-4**に示すように、建設省官民連帯共同研究「有機系接着剤を利用した外装タイル・石張りシステムの開発（1993～1995）」（以下、官民連帯共同研究）を実施した。これは、筆者が建研入所後に初めてリーダーを任された研究プロジェクトである。学生時代にBondingの研究をしていた筆者としては、実施すべき研究テーマだと考えていた。しかし、冷静に考えると「有機系接着剤を利用した外装タイル張り・石張りシステムの開発」というテーマはかなりマニアックなものである。このテーマを建設省のプロジェクト研究として採択いただいたことをありがたいと考えている。

大きな背景の一つに、1989年11月北九州市で発生したタイル張り仕上げ層の剥落事故があると考える。**図19-1**に示す10階建て集合住宅の塔屋部分の外壁タイル張り仕上げ層が剥落し、通行人2名が死亡、1名が重傷を負った。この事故は、「点検を実施していたのに、重大な落下事故につながる劣化を見逃してしまった」という点で強

表19-4　最終講義「Bonding and Cross-Linking」スライド110/151

建設省官民連帯共同研究「有機系接着剤を利用した外装タイル・石張りシステムの開発（1993～1995）」

- 外装用有機系接着剤のベースポリマー開発
- タイル接着剤張り外装ボードの実用化
- 北九州における下地モルタル＋タイル張り層の落下による死亡事故（1989）
- 建設省住指発第221号通知（1990）「剥落による災害防止のためのタイル外壁、モルタル塗り外壁診断指針」

図19-1　最終講義「Bonding and Cross-Linking」スライド111/151

い衝撃を与え、「剥落につながるタイル張り仕上げ層の浮きは外観目視のみでは感知できず、打診等による調査が必須である」ということを再認識させた。建設省住宅局建築指導課は1989年11月29日に住指発第442号「既存建築物における外壁タイル等の落下防止について」という課長通達を特定行政庁建築主務部長宛てに発出し、外壁タイル等の状況を緊急調査して必要に応じて適切な改善指導等の措置を講じるように求めた。また、12月より建設省内の建築技術審査委員会・外壁タイル等落下物対策専門委員会（委員長：岸谷孝一日本大学教授）において外壁タイル等落下物対策の推進に関する検討を開始し、**表19-4**に示すように1990年5月19日付で建設省住指発第221号「外壁タイル等落下物対策の推進について」という通達を発出した。この通達では、上記専門委員会報告書にある「外壁仕上診断指針」に基づく診断の指導、および「設計、施工上の留意事項」に基づくタイル張り施工の指導等が示された。

すなわち、新規の外装タイル張り工法についても剥落危険性の低減が求められた。このような理由から、高圧水洗による目荒らし工法、MCR工法、乾式工法等が発展した。そのような背景にあって、ドライアウト現象を起こさず、ディファレンシャルムーブメントを吸収できる有機系接着剤張りは開発する価値のある剥落防止技術であると考えた。

外装タイルを有機系接着剤張りするのであるから、先ず、耐久性を有する高性能な有機系接着剤が開発されていなければプロジェクトは進まない。当時、いくつかの候補が挙げられていたが、代表的なものは変成シリコーン系接着剤である。官民連帯共同研究ではその他にウレタン樹脂系およびエポキシ樹脂系も対象としたことを付記しておく。

変成シリコーン樹脂の具体例を示すと**図19-2**のようになる。ポリプロピレングリ

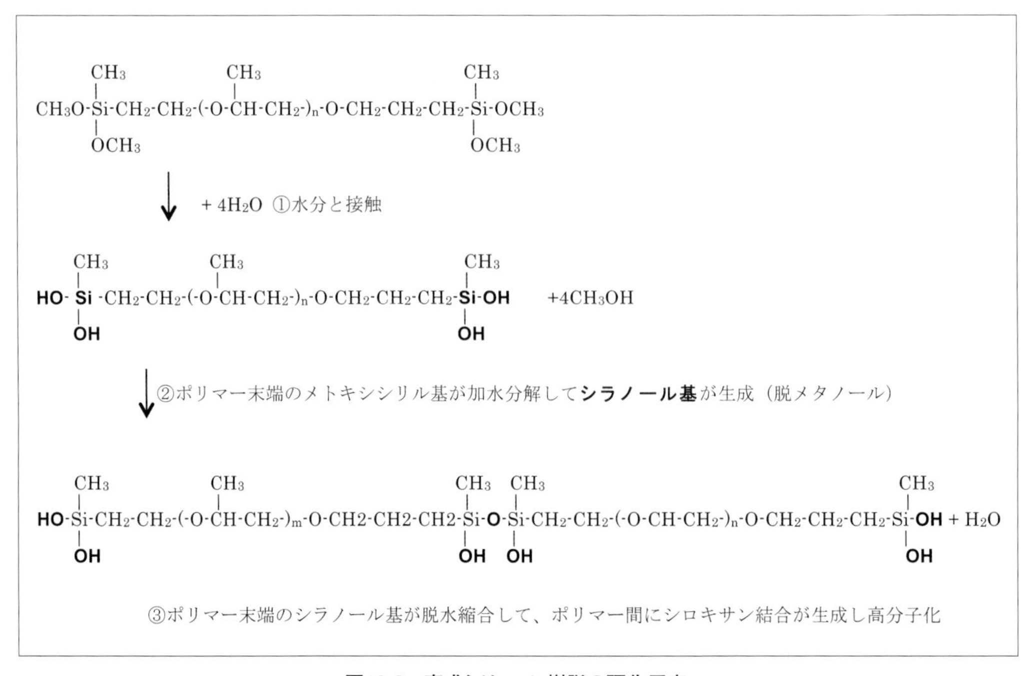

図19-2　変成シリコーン樹脂の硬化反応

コール（PPG）主鎖の両末端にメトキシシリル基を有するポリマーであり、空気中の水分により末端のメトキシシリル基が加水分解されシラノール基に変化し、末端シラノール基間で脱水縮合反応が生じシロキサン結合（Si-O-Si）によりポリマー同士が繋がって硬化する。

この反応は、変成シリコーン系シーリング材および第18章で解説したアクリルシリコン樹脂塗料でも同じである。変成シリコーン樹脂系接着剤では、①硬化メカニズムから考えてドライアウト現象は心配しなくていいこと、②硬化樹脂の低弾性から考えてタイル張り層に生じるディファレンシャルムーブメントに追従できること、③シーリング材等における実績等から考えて耐久性を有すること等が期待された。

横道にそれるが、（現在の）変成シリコーン樹脂系接着剤は、当初「弾性エポキシ樹脂」と呼称されていた。その後、官民連帯共同研究では「変成シリコーン・エポキシ樹脂」と呼称され、JIS A5557：2006から「変成シリコーン樹脂」と呼称されている。変成シリコーン樹脂接着剤は、変成シリコーン樹脂が連続相、エポキシ樹脂が分散相である海島二相構造となっている。接着剤製造業者は、当初はエポキシ樹脂という実績のある樹脂を強調して「弾性エポキシ樹脂」と呼称した。官民連帯共同研究では二層構造を明確にして「変成シリコーン・エポキシ樹脂」と呼称することとした。接着剤の認知度が高まり、JIS制定の際に「変成シリコーン樹脂」に変えたものと考えている。材料の名称、分類名は学術的に正確なものでなければならないと考えるが、色々な事情が作用している。なお、ひび割れ補修材料として使用されている可とう性エポキシ樹脂等にも変成シリコーン樹脂は配合されている。

官民連帯共同研究開始より以前から、変成シリコーン系樹脂の製造業者は外装タイル張り用接着剤としての利用可能性を調査していた。ユーザー側の主な意見は、①材料コストがモルタル張りと比較して高すぎる、②作業性がよくない、③有機系では耐久性が期待できないというものであったと記憶している。

①のコストについては研究者の立場からはあまりかかわれないが、有機系接着剤とセメントモルタルのコスト比較でなく、工法全体としてのコスト比較、更に言えばLCCの比較では可能性があるものと考えた。②の作業性については改善可能性が十分にあると考えた。開発当初は、タイル張りの職人から「塗りにくい」、「コテさばきがうまく行かない」、「疲れる」等々のクレームが多く寄せられた。しかし、内装タイル張りについては有機系接着剤張りに問題なく対応できている事実があった。セメントモルタルと有機系接着剤とでは材料の特性上から作業性に差異がある。作業性については「慣れ」に起因する部分も大きく、作業経験を積むにつれて作業のコツがわかってくる。現在、作業性に関するクレームは少ないと理解している。

③の耐久性については官民連帯共同研究の中で種々の実験を行い耐久性の確認を行った。官民連帯共同研究での耐久性評価は実験室試験が中心であったが、その中で開始した屋外暴露試験はいまでも継続しており、25年経過後の接着強さ[1)]および接着剤の変形能[2)]について報告している。

官民連帯共同研究は建設省建築研究所と17の法人等との間で建設省規定に基づく研究協定を締結して実施された。ここでは、具体的な研究内容は省略する。

官民連帯共同研究の成果として、**表 19-5** に示すように建設大臣官房技術調査室監修、建築研究所・（社）建築研究振興協会編「建設省官民連帯共同研究報告書　有機系接着剤を利用した外装タイル・石張りシステムの開発」(1997) を発刊し、日本建築学会大会等でも研究成果を発表した。報告書には「外装タイル・石張り用接着剤の品質基準（案）」や「有機系接着剤を利用した外装タイル・石張り工事標準仕様書（案）」が提案された。（当然ではあるが）それらが直ちに活用されて外装タイルの有機系接着剤張りが普及するということにはならなかった。

表 19-6 に示すような経緯により、官民連帯共同研究の成果は普及していった。**表 19-6** の中で重要なものの一つが JIS K 5557：2006（外装タイル張り用有機系接着剤）の制定である。接着剤の標準化がなされなければ、接着剤張りは進捗しなかった。また、JIS の制定の前後には、戸建て住宅で外装タイル接着剤張りが普及した。

その後、（社）全国タイル業協会・全国タイル工業組合「外装タイル弾性接着剤張り工事　標準仕様書・同解説（案）」が制定され、日本建築仕上学会では ALC パネルに現場で外装タイル接着剤張りを実施する場合の工法指針（案）が制定された。

外装タイル接着剤張りが普及する契機となったのは、**表 19-7** に示すように、JASS 19（2012 年改定版）への導入である。その後、国土交通省大臣官房官庁営繕部「公共建築工事標準仕様書」および「公共建築改修工事標準仕様書」にも導入された。官民連帯共同研究を開始（1993）してから、およそ 20 年の歳月を経て JASS 19 に標準化されたことになる。

表19-5　最終講義「Bonding and Cross-Linking」スライド113/151

官民連帯共同研究の成果

- 建設大臣官房技術調査室監修　建築研究所・（社）建築研究振興協会編「建設省官民連帯共同研究報告書　有機系接着剤を利用した外装タイル・石張りシステムの開発」
- 日本建築学会大会梗概集「有機系接着剤を利用した外装タイル・石張りシステムの開発 」その１～その17（1996）　その18（1998）　その19（2000）　その20（2002）　その21（2005）　その22（2010）

表19-6　最終講義「Bonding and Cross-Linking」スライド115/151

官民連帯共同研究成果等の普及

- 官庁営繕部監修「建築改修工事監理指針（平成10年）」のタイル部分張替え用接着剤の品質基準案
- 官庁営繕部監修「建築工事監理指針」のその他のタイル張り工法
- 平成11及び12年度の新技術活用モデル事業の一つ
- 戸建て住宅における外装タイル接着剤張りの普及
- JIS K 5557:2006（外装タイル張り用有機系接着剤）の制定
- （社）全国タイル業協会・全国タイル工業組合 「外装タイル弾性接着剤張り工事　標準仕様書・同解説（案）」（2010）
- 日本建築仕上学会「ALCパネル現場タイル接着剤張り工法指針（案）・同解説（第1版）」(2010)

表19-7　最終講義「Bonding and Cross-Linking」スライド116/151

市民権を得た有機系接着剤張り

- 建築工事標準仕様書・同解説　JASS19　陶磁器質タイル張り工事　2012年改定版
  - 4節　有機系接着剤によるタイル後張り工法
- 国土交通省大臣官房官庁営繕部監修「公共建築工事標準仕様書」（建築工事編）平成25年版
  - 11章タイル工事　3節接着剤による陶磁器質タイル張り
- 国土交通省大臣官房官庁営繕部監修「公共建築改修工事標準仕様書」（建築工事編）平成25年版
  - 4章外壁改修工事　5節タイル張り仕上げ外壁の改修　4.5.8タイル張替え工法　(g)有機系接着剤による陶磁器質タイル張り
- ISO/TC189/WG9　ISO　14448 “Low modulus adhesives for　exterior tile finishing”

最後に、ISO14448：2016（Low modulus adhesives for exterior tile finishing）について紹介しておきたい。これはJIS K 5557（外装タイル張り用有機系接着剤）をISO化した規格であり、ISO/TC189（Ceramic tile）/WG9（Low modulus adhesives for exterior tile finishing）が所掌している。日本はISO/TC189のPメンバーであり、WG9のConvenerは筆者が務めている。外装タイル張り用有機系接着剤は中国、韓国、台湾等で普及する可能性があり、国際的に品質を規定しておくことが重要と考えISO化した。また、東南アジア以外にも外装タイル張り用有機系接着剤に興味を示す国は多い。ISO化は大変ではあったが、興味深くて楽しい作業であった。ここでは3つのことを紹介したい。

①接着剤の名称

日本では弾性接着剤と通称されることも多いが、学術的に言えば、弾性にはエネルギー弾性とエントロピー弾性（ゴム弾性）がある。説明は省略するが、弾性接着剤は後者を意味している。シーリング材についても弾性シーリング材という用語が使用されることがある。JIS制定時は、曖昧さを回避するため有機系接着剤とした。ISO化するにあたって有機系接着剤というだけでは特性が表現できていないということでElastomeric adhesivesなどはどうかと考えていた。ISO会議の席上、明確で誤解の無い用語がよいということでLow modulus adhesivesになった。明快である。筆者は、日本語でも弾性接着剤でなくて低弾性接着剤と呼称したほうがいいのではないかと思っている。（イメージの問題で、低という字を付けたくないという人も多いと推察する。）

②変成シリコーン系接着剤の英文名

JISでは接着剤の主成分はウレタン樹脂系と変成シリコーン樹脂系に区分される。ISO化にあたって問題となったのは変成シリコーン樹脂である。原案ではModified silicone resinとなっていたが、米国をはじめ各国から正しい表現ではないという意見が寄せられた。変成シリコーン樹脂という名称は、日本では、当然のように使用されているが、筆者も適切な表現とは考えていない。シリコーン樹脂はシロキサン結合が連続した -（O-Si-）n- を主鎖とするポリマーを意味する。それを変成したポリマーとして、**図19-2**に示す高分子構造を変成シリコーン樹脂と呼ぶことは、化学物質命名法の観点から理解できない。議論の結果、Silyl terminated polymers（exclude silicone）と表記することになった。「末端シリル基を有するポリマー（シリコーン樹脂を除く）」という意味である。

なお、日本では変成シリコーン樹脂と呼称している製造業者も海外の英文パンフレット等ではSilyl terminated polymers（STPと略称することが多い）を使用している。一方で、商品名としてはMSポリマー（Modified silicone polymers）も使用されており、かなりの認知度がある。複雑である。

③接着破壊状態の観察

JISの接着強さ試験では接着強さのみではなく、界面破壊を少なくするために一定以上の凝集破壊率を規定している。凝集破壊率の評価は目視観察により実施されるが、JISでは凝集破壊率が規定値に接近した場合は、正確を期すために接着破壊面をトレーシングペーパー方眼紙に写し取り、その碁盤目を数えることによって凝集破壊率を求めることとしている。各国の意見は、「煩雑・慎重すぎる」、「結局は目視観察ではないか」等の意見があり、トレーシングペーパー方眼紙に写し取る方法は削除された。JISで議論したときは、試験研究機関から、「単に目視観察と規定されると恣意的と思われることが心配である」、「根拠となる証拠データを（写真以外に）残したい」等の意見があり、トレーシングペーパー法を導入した。ISO会議の議論では、「責任をもって、目視観察すればよろしい」ということのようである。個人的には、この意見に賛成である。

以上、ISO会議の議論で思ったことである。JISの国内委員会と異なる観点から規格を見直すことができたのは有意義であった。なお、現在のJIS K 5557：2020では、トレーシングペーパー法は削除されている。

【参考文献】

1）本橋健司、山田久貴：「有機系接着剤を利用した外装タイル・石張りシステムの開発　その27 つくば市における屋外暴露25年後の接着強さ」日本建築学会大会学術講演梗概集、材料施工、p. 531-532（2020）

2）山田久貴、本橋健司：「有機系接着剤を利用した外装タイル・石張りシステムの開発　その27 つくば市における屋外暴露25年後の接着剤変形能」日本建築学会大会学術講演梗概集、材料施工、p. 533-534（2020）

第20章
有機系接着剤による外装タイル張り工法の開発(後編)

有機系接着剤による外装タイル張り工法の後編では、技術的解説を行いたい。有機系接着剤によるタイル張り工法の長所として、ドライアウト防止とディファレンシャルムーブメントの吸収が挙げられる。

ドライアウト現象は、乾燥したコンクリート下地にモルタルを塗付けた場合に発生する現象である。塗付け界面近くのモルタル中の水分がコンクリート中に急速に移動して、塗付け界面近傍の水分が不足し、モルタルの水和反応が十分に進行せず、強度発現が不十分となる。

図 20-1 は、コンクリート下地に不陸調整材を薄塗りして発生したドライアウト現象を示している。モルタル中の水分不足からモルタルの強度が発現せず、ドライバーの先端で擦るだけでモルタル層は粉末状になる。

図 20-2 はコンクリート下地の乾燥状態を示している。①絶乾状態のコンクリート下地では、**図 20-1** に示したドライアウト現象が発生する。②飽水状態のコンクリート下地であれば、モルタルの水分が全く吸い込まれず、結果的にモルタルの食いつきが不十分になる。③表乾状態がモルタル塗りに良好な状態である。現実的にはあり得ないが、コンクリート表層３㎜程度が絶乾状態で、それより深部は飽水状態となっていれば理想的である。表層は絶乾状態なので、モルタル中の水分はコンクリート表層に吸い込まれる。しかし、深部は飽水状態であるため界面近傍のモルタル中の水分は

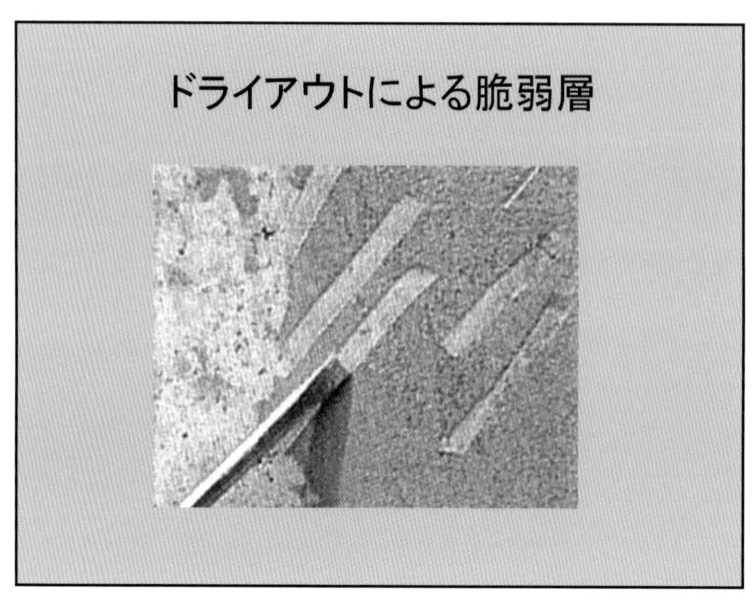

図20-1　最終講義「Bonding and Cross-Linking」スライド119/151

過度に吸収されない。したがって、ドライアウト現象を抑制できる。③表乾状態を施工現場で再現する方法として、過去には水湿しが多用された。すなわち、コンクリート下地に十分な散水を行ってコンクリート深部まで吸水させた後、表層を乾燥させ、モルタルの塗付けを行う方法である。水湿しは、コンクリート下地をよく観察し、乾燥状態を見極める必要があり、管理の難しい作業である。悪い事例として、コンクリート下地の離型剤、汚れ、じん埃等を除去する水洗を水湿しと称し、不十分な表乾状態のままでモルタルを塗付けるケースが挙げられる。水湿しと表面洗浄は、目的が異なるものであり、方法や管理が異なることを認識する必要がある。

水湿しの管理が難しいことから、一般化したのが④吸水調整材の施工である。吸水調整材は合成樹脂エマルションを主成分としている。これを希釈してコンクリート下地に塗付すると、コンクリート表面に不連続な合成樹脂皮膜が形成される。この表面にモルタルを塗付すると、合成樹脂皮膜の存在する部分ではコンクリート下地への吸水が抑制され、合成樹脂皮膜が形成されていない部分ではコンクリート下地へ適度な吸水が行われる。結果的に水湿しと同様の効果を得ることができる。また、モルタル中にポリマーディスパージョン、セルロース系保水剤等を添加することは、モルタルの作業性を向上させるとともに、コンクリート下地への吸水を制御する効果もある。

④吸水調整材の重要なポイントは、製造業者が指定する希釈率を遵守することである。希釈しない吸水調整材を塗付すると、コンクリート表面に連続的な合成樹脂皮膜層が形成され、コンクリート下地への吸水が阻害される。また、合成樹脂エマルションの連続皮膜がコンクリートとモルタルとの界面に残存すると、接着耐久性に悪影響を与える。

次に、第19章で解説したように、外装タイル張り用有機系接着剤はセメントモルタルと比較して低弾性である。したがって、乾湿・温冷サイクルで生じる接着界面での膨張・収縮（ディファレンシャルムーブメント）を接着層で緩和できるという長所がある。**図20-3**はコンクリート角柱の側面にタイル張りを行い、コンクリート角柱

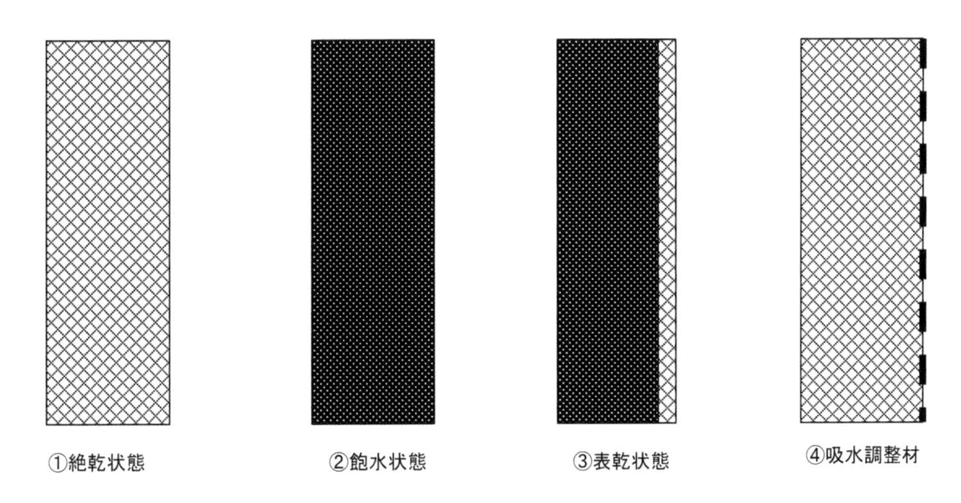

図20-2　コンクリート下地の乾燥状態

を加力した場合のコンクリート歪とタイル表面歪との関係を示している。セメントモルタルによるタイル直張りの場合、コンクリート面の歪とタイル表面の歪はほぼ一体的に上昇し、コンクリート歪400 μ、タイル表面歪350 μ付近でタイルが剥離する。一方、有機系接着剤による直張り（**図20-3**では弾性接着剤張り・直張りと表記している）の場合はコンクリート歪が1000 μ程度であってもタイル表面歪は50 μ程度である。剥離も生じていない。低弾性の接着層がこの歪差（ディファレンシャルムーブメント）に追従していることを示している。

次に、JIS A 5557:2006（外装タイル張り用有機系接着剤）の考え方について解説する。この規格は、官民連帯共同研究で提案された品質基準案がベースとなっている。**表20-1**に接着剤の接着強さおよび皮膜物性に関連した試験項目と品質を示す。接着強さは、標準養生で0.6N/㎡以上であり、各処理後（熱処理を除く）は0.4N/㎡以上である。接着強さの基準値としては、ポリマーセメントモルタルやJIS A 6024に合致するエポキシ樹脂と比較して、低い値となっている。しかし、タイルを外壁面に接着保持する観点からは、十分な接着強さであると考えている。重要なことは、接着強さの絶対値が過剰に大きいことではなく、接着強さが必要十分な値であり、バラツキが少なく、劣化処理後に大きく低下しないことである。

接着強さ試験では、接着強さに加えて、一定以上の凝集破壊率を要求していることが特徴的である。建築用接着剤のJISとして凝集破壊率を規定したのは、JIS A 5557が初めてであると認識している。凝集破壊

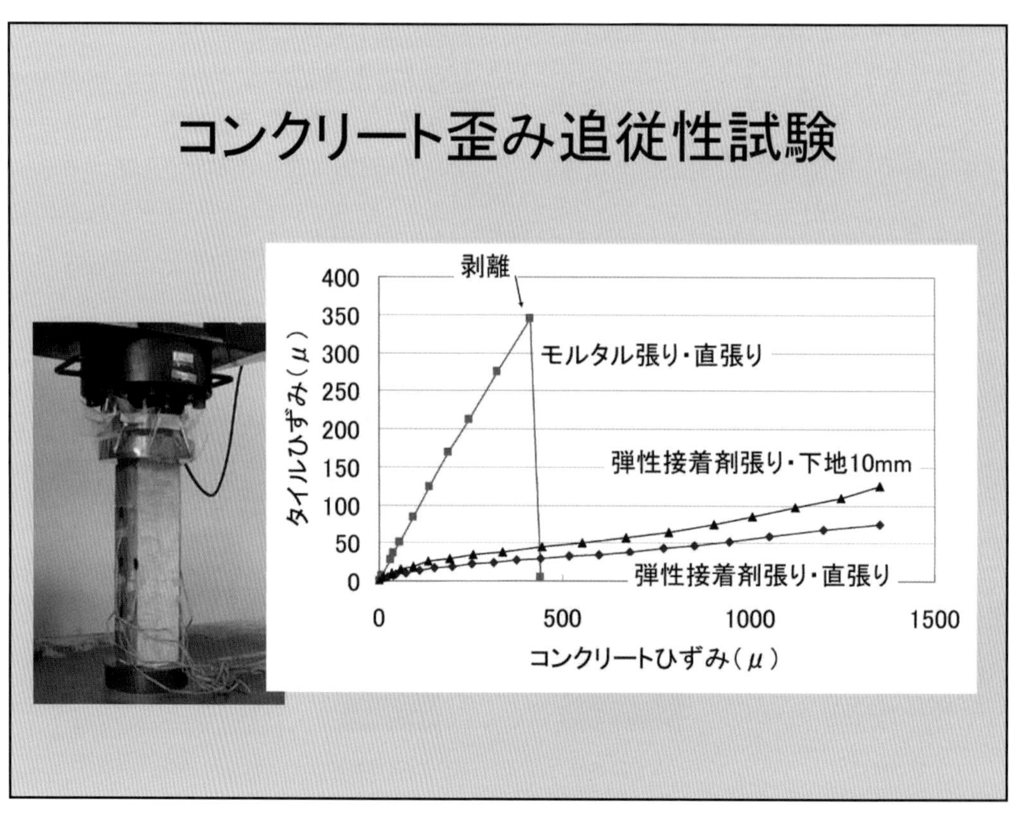

図20-3　最終講義「Bonding and Cross-Linking」スライド121/151

率の説明を**図 20-4** に示す。凝集破壊率は接着破壊が接着剤とタイルの界面（AT）、モルタルと接着剤の界面（GA）以外で生じる割合（百分率）である。

接着剤の接着性・接着耐久性を評価する場合のポイントの一つが接着破壊モードである。すなわち、界面破壊の割合が高い場合は、接着剤と被着体界面の接着性、親和性等が接着強さを支配していることを意味している。一方、凝集破壊率（T＋A＋G）（実際的にはAが主体となる）が高い場合は、（接着剤と被着体界面の接着性、親和性等は十分であり）接着剤層の凝集力が接着強さを支配していると考えられる。

JIS A 5557では、標準養生で75％以上の凝集破壊率、各種処理後は50％以上の凝集破壊率を求めており、厳しい要求となっている。また、凝集破壊が主体となることを前提にして、接着剤層を形成する接着剤皮膜について、標準時、低温・高温時、劣化処理後に一定以上の引張り強さおよび破断伸び率を保持することを要求している。

まとめると、外装タイル張り用接着剤のJISでは、必要十分な接着強さ、接着強さ試験での破断モードを規定して界面破壊の生じにくいことを規定している。したがって、接着強さが接着剤皮膜の凝集力に大きく依存することから、各種条件下における接着剤皮膜の引張り強さおよび破断伸び率を規定している。

次に、接着耐久性について解説する。官民連帯共同研究の中では種々の促進劣化試験等を実施した。JIS A 5557においても低温硬化、アルカリ温水浸せき処理、凍結融解処理、熱劣化処理後の接着強さ試験等を規定している。多くの試験データが学会等で

表20-1　最終講義「Bonding and Cross-Linking」スライド122/151

JIS K 5557:2006

試験項目				品質
接着強さ	標準養生			0.6N/mm^2以上、凝集破壊率75%以上
	低温硬化養生			0.4N/mm^2以上、凝集破壊率50%以上
	アルカリ温水浸せき処理			0.4N/mm^2以上、凝集破壊率50%以上
	凍結融解処理			0.4N/mm^2以上、凝集破壊率50%以上
	熱劣化処理			0.6N/mm^2以上、凝集破壊率50%以上
皮膜物性	引張性能	引張り強さ		0.6N/mm^2以上
		破断時の伸び		35%以上
	温度依存性	引張り強さ	80℃	0.6N/mm^2以上
			-20℃	0.6N/mm^2以上
		破断時の伸び	80℃	35%以上
			-20℃	35%以上
	劣化処理後の引張性能	引張り強さ	アルカリ温水浸せき処理	0.4N/mm^2以上
			熱劣化処理	0.4N/mm^2以上
		破断時の伸び	アルカリ温水浸せき処理	25%以上
			熱劣化処理	25%以上

凝集破壊率

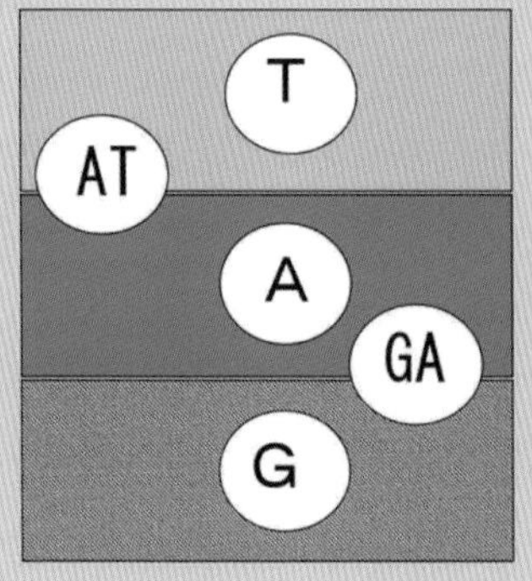

タイル

接着剤

下地

記号	破断の位置
T	タイル
ＡＴ	接着剤とタイルの界面
A	接着剤
ＧＡ	下地と接着剤の界面
G	下地（モルタル）

Ｃ＝Ｔ＋Ａ＋Ｇ
C:凝集破壊率(%)
T:タイルの凝集破壊が破断面全体に占める割合(%)
A:接着剤の凝集破壊が破断面全体に占める割合(%)
G:下地の破壊が破断面全体に占める割合(%)

図20-4　最終講義「Bonding and Cross-Linking」スライド123/151

大型試験体

50二丁ﾓｻﾞｲｸ(裏足あり･なし)、二丁掛けﾀｲﾙ
大型ﾀｲﾙ、規格石材（300 × 300 mm）

図20-5　最終講義「Bonding and Cross-Linking」スライド125/151

公表されているが、外装タイル接着剤張りの耐久性に関して、多くの技術者の間でコンセンサスが共有されている状況とは言い難い。建築材料・工法全般に関しても言えることであるが、耐久性に関する共通認識を得るためには、長期間にわたっての屋外暴露試験や施工実績の蓄積が重要である。

このような認識から官民連帯共同研究では、**図 20-5** に示す大型試験体と**図 20-6** に示す小型試験体を対象とした屋外暴露試験を北海道紋別市で 10 年間実施した。また、建築研究所では 25 年間以上実施している。第 19 章でも示したように日本建築学会大会等で結果が公表されている。官民連帯共同研究の開始から約 30 年、JASS19 に外装タイル接着剤張りが標準化されて約 10 年が経過している。施工実績も蓄積されている。今後、実績を通して耐久性に関する共通認識が形成されることを期待している。

私の最終講義は 2018 年の 3 月に行われた。最終講義では解説できなかったが、2 カ月半後の 2018 年 5 月 23 日に国土交通省住宅局建築指導課防災対策室から「建築物の定期調査報告における外装仕上げ材等の調査方法について（技術的助言）」が通知された。この技術的助言により、一定条件を満たした有機系接着剤張りタイル仕上げ外壁に関しては、建築基準法 12 条に基づく定期調査において原則竣工後 10 年ごとに求められているテストハンマーによる全面打診等を引張接着試験に代替することが可能となった。詳細内容は（一財）日本建築防災協会が発行する「建築防災」2018 年 10 月号（特集：定期報告制度における外壁の劣化及び損傷の調査方法）に解説されている。

技術的助言に基づく定期調査方法の概要

図20-6　最終講義「Bonding and Cross-Linking」スライド127/151

を表 20-2 に示す。セメントモルタル張りのタイル張り外壁の定期調査報告では原則10 年ごとに全面打診検査が必要である。しかし、有機系接着剤張り工法で施工されたタイル張り外壁では、下地条件や施工記録等に関する一定条件を満足すれば、各階、各面 1 箇所の引張試験を実施することで全面打診に代替できることとなった。この技術的助言は、有機系接着剤張りの特性を踏まえて、合理的な引張試験による検査を新しく追加したものである。従来のテストハンマーによる全面打診と比較すると仮設足場等の負担が軽減できる。

表20-2　平成30年5月23日の技術的助言に基づくタイル張り外壁の定期調査方法

タイル張り外壁の定期調査方法
2018年5月23日以降

	0.5～3年毎	原則10年毎
有機系接着剤張り（適用下地・施工記録等の適用条件あり）	目視＋手の届く範囲の打診	引張検査（各階1箇所）または全面打診調査（赤外線調査の併用可）
有機系接着剤張り（適用条件に不適）	目視＋手の届く範囲の打診	全面打診調査（赤外線調査の併用可）
セメントモルタル張り		
PC先付け工法		

第21章

建築保全標準

Cross-Linkingの最後に、**表21-1**に示す建築保全標準・同解説－鉄筋コンクリート造建築物（2021年2月刊行）について解説したい。建築保全標準は、最終講義（2018年3月）の時点では完成しておらず、その3年後に刊行された。

建築保全標準が、（製造者側観点と使用者側観点の）Cross-Linkingの例なのかと問われると自信はない。Cross-Linkingとは多少異なるかもしれないが、補修・改修技術を標準化して、建築物の保全の中にしっかりと位置付けて、建物使用者・発注者に役立てたいというのが主旨である。

図21-1に示すように、国土交通省の建設工事施工統計に示される維持修繕工事は年々増加している。**図21-1**の数字は土木と建築を合算したものであり、2009年では維持修繕工事の比率が27.4%となっている。この比率は、今後も上昇するものと予測される。すなわち、建設工事（建築＋土木）の売上高の27%は補修・改修工事によるものである。大手ゼネコンでは新築工事の売上高が多くを占めていると思うが、建設業全体でみれば、維持修繕工事は決して無視できない比率である。したがって、日本建築学会においても新設工事を対象とした建築工事標準仕様書（JASS）だけでなく、補修・改修工事を対象とした標準仕様書を整備するべきではないか、というのがスタート時点の考えであった。

実際に補修・改修工事は広く実施されている。**表21-2**に示すように、国土交通省

表21-1　最終講義「Bonding and Cross-Linking」スライド139/151

Cross-Linkingの例

- 高耐久性樹脂塗料
- 光触媒
- 外装タイル接着剤張り工法
- アスベスト
- 外壁改修
- 建築保全標準

表21-2　最終講義「Bonding and Cross-Linking」スライド141/151

各種改修工事仕様書

- 国土交通省大臣官房官庁営繕部制定「公共建築改修工事標準仕様書（建築工事編）」3年ごとに改定
- 「建築保全業務共通仕様書」、「建築物の修繕措置判定指針」、「建築改修工事監理指針」等
- UR都市機構「保全工事共通仕様書」概ね3年ごとに改定
- その他多くの修繕・改修工事仕様書

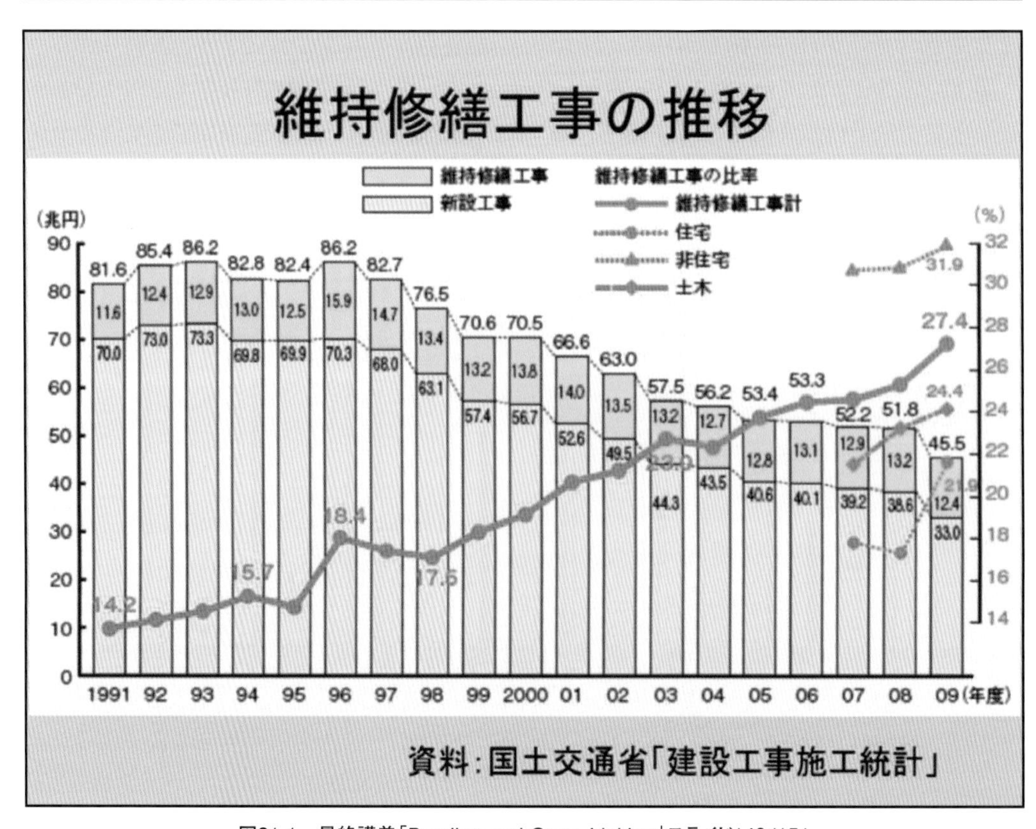

図21-1　最終講義「Bonding and Cross-Linking」スライド140/151

大臣官房官庁営繕部では「公共建築改修工事標準仕様書（建築工事編）」（以下、「改修標仕」）を制定して、３年ごとに見直している。また、ＵＲ都市機構では「保全工事共通仕様書」を制定し、おおむね３年ごとに改定している。また、その他にも多くの団体が補修・改修工事の標準仕様書を制定している。建築物の補修・改修工事に必要だから制定しているのである。

建築研究所が1980～1984年度に実施した「耐久性総プロ」では、「既存建築物の保全技術」および「新設建築物の耐久性向上技術」を課題として技術開発を行った。後者の「新設建築物の耐久性向上技術」では、新設建築物の耐久性に関する条件設定（要求性能、劣化外力等）、材料・部材・工法の選択、耐久性上の施工管理技術等に関する技術開発を行った。その成果は、日本建築学会の「建築物の耐久計画に関する考え方」（1988年）に反映され、その後も種々の刊行物に参照されている。

そして、「耐久性総プロ」の前半部分である「既存建築物の保全技術」では、建築物の劣化診断技術や補修・交換技術等を開発し、体系化した。建設省「耐久性総プロ」最終報告書（1985年３月）には、課題「既存建築物の保全技術」の成果として、**表21-3**に示す33の技術指針がとりまとめられている。

表21-3に示した技術指針は「耐久性総プロ」の成果として提案された（案）であり、直ちに社会実装化されたというわけではない。しかし、その波及効果は大きく、日本建築学会では「建築物の調査・劣化診断・修繕の考え方（案）・同解説」（1993）を始めとして多くの「考え方」シリーズに**表21-3**の成果が取り込まれていった。

建築保全標準の源流は、「耐久性総プロ」、具体的には**表21-3**に示した技術指針にあると筆者は考えている。「耐久性総プロ」担当者の間では、成果を発展させ、「劣化調査・診断や補修工事に関する標準仕様書を作成したい」、「新設工事に対して整備されている日本建築学会建築工事標準仕様書（JASS）の劣化調査・診断版、補修工事版等を作成したい」という意識があった。少なくとも、筆者はそのような話を聞いていた。

また、建設大臣官房官庁営繕部（当時）は、「耐久性総プロ」に着目しており、その成果を補修・改修工事共通仕様書の作成に活用しようと考えていた。

新設工事を対象とする大臣官房官庁営繕部「公共建築工事標準仕様書（建築工事編）」（以下、「標仕」）の検討に際しては、日本建築学会で示す施工標準であるJASSが参考とされている。「標仕」は官庁建築物を対象とした標準工事仕様書であり、発注者である大臣官房官庁営繕部（以下、「官庁営繕」）の考えにしたがって材料・工法等の適切な仕様を定めている。例えば、会計検査院に「標仕」に示される材料・工法を選択した根拠について質問されたとしよう。「材料・工法のレベルが過剰ではないか」、逆に、「材料・工法のレベルが不十分ではないか、粗悪ではないか」等の指摘があった場合、客観的な説明がなかなか難しい。このような場合、JASSが整備されていることは大きな助けになる。

日本建築学会は建築分野の研究者・技術者が集まる日本最大の団体であり、そこで慎重に審議されて合意が得られたJASSに準じ、官庁建築物の特性を考慮して施工標準を定めているということであれば、合理的な説明となる。そのような意味でも、JASSは重要な資料となっている。

話を「耐久性総プロ」終了時に戻す。当

表20-3 「耐久性総プロ」で整備した既存建築物に対する技術指針一覧

番号	技術指針名
1	鉄筋コンクリート造建築物の劣化診断技術指針
2	鉄筋コンクリート造建築物の補修・交換技術指針
3	鉄筋コンクリート造建築物の維持管理指針
4	木造建築物の劣化診断指針
5	木造建築物の補修・交換指針
6	木造建築物の維持保全指針
7	鉄骨造建築物の劣化診断指針
8	鉄骨部材・材料の補修指針
9	鉄骨造建築物の維持保全指針
10	外装塗り仕上げの劣化診断指針
11	外装塗り仕上げの補修指針
12	外装塗り仕上げの維持保全指針
13	外壁タイル張り仕上げの劣化診断指針
14	外壁タイル張り仕上げの補修指針
15	外壁タイル張り仕上げの維持保全指針
16	外壁セメントモルタル塗り仕上げの劣化診断指針
17	外壁セメントモルタル塗り仕上げの補修指針
18	外壁セメントモルタル塗り仕上げの補修工事検査指針
19	外壁セメントモルタル塗り仕上げの維持保全指針
20	アルミニウム合金製外装および開口部材の劣化診断指針
21	アルミニウム合金製外装および開口部材の補修指針
22	アルミニウム合金製外装および開口部材の維持保全指針
23	屋根メンブレン防水の劣化診断指針
24	屋根メンブレン防水の補修指針
25	屋根メンブレン防水の維持保全指針
26	シーリング防水の劣化診断指針
27	シーリング防水の補修・交換指針
28	設備配管の劣化診断
29	設備配管の維持管理
30	設備機器の劣化診断
31	設備機器の維持管理
32	電気設備の劣化診断
33	電気設備の修理・更新

時、「官庁営繕」では補修・改修工事共通仕様書を作成しようとしていたが、日本建築学会JASSに匹敵するような補修・改修に関する標準仕様書は存在していなかった。そのため、「標仕」に対するJASSの役割と同様な役割を**表21-3**に示す「耐久性総プロ」の成果に求めたと考えている。

「官庁営繕」は「耐久性総プロ」の成果を活用して、先ず、「改修設計指針」(1986年)を刊行した。その後「官庁建物修繕措置判定手法」(1988年)を刊行し、最後に「建築改修工事共通仕様書(平成4年版)」(1992年)を刊行した。「建築改修工事共通仕様書」はその後、平成10年版(1998年)、平成14年版(2002年)が刊行された。そして、2003年3月に「官庁営繕関係基準類等の統一化に関する関係省庁連絡会議」において各省庁の統一基準とすることが決定され「公共建築改修工事標準仕様書(建築工事編)平成16年版」(2004年)が刊行された。それ以降「改修標仕」は3年ごとに改訂され、現在は「公共建築改修工事標準仕様書(建築工事編)令和4年版」が最新である。

参考のため、最初の「改修標仕」である「建築改修工事共通仕様書 平成4年版」〔(財)建築保全センター発行〕に記載されている建設大臣官房官庁営繕部長の「監修にあたって」の一部を以下に抜粋する。

これらの状況を背景として、すでに建設省では、総合技術開発プロジェクトにおいて「建築物の耐久性向上技術の開発」(昭和55～59年度)、官民連帯共同研究において「外装材の補修・改修技術の開発」(昭和61～63年度)が行われてきました。建設大臣官房官庁営繕部では、これらの研究成果を活用すべく、昭和61年に「建築改修設計指針」、昭和63年に「官庁建物修繕措置判定手法」を作成し、このたび「建築改修工事共通仕様書」を作成したところです。

日本建築学会においても、既存建築物の保全や耐久設計の重要性については認識しており、補修・改修工事標準仕様書までは到達していないが、**表21-4**および**表21-5**に示す一連の技術資料を順次刊行してきた。「考え方」という表題の刊行物が含まれているが、「標準仕様書」や「指針」のレベルには到達していないものの、考え方が整理された価値のある内容であるという主旨で、「考え方」という表題を付したと聞いている。

日本建築学会材料施工委員会で補修・改修工事標準仕様書を整備する契機となったのは、**表21-6**に示す建築学会大会時の研究協議会「維持保全技術の現状と今後の課題」(2007年)である。この協議会では、フローからストックの時代を背景にして、建築保全の重要性が高まることから、日本建築学会として、新築を対象としたJASSだけではなく、補修・改修工事標準仕様書を作成するための活動を開始すべきであるという認識が共有された。

その後、研究協議会での合意を受けて、補修・改修工事標準仕様書作成の取組みが開始された。まず、改修工事標準仕様書検討小委員会(2009～2010年度)が設置され、作成すべき標準仕様書等の内容、工程、組織体制等を検討した。その結果、点検から調査・診断、補修・改修設計、補修・改修工事といった建築保全の流れを踏まえた一連の標準仕様書等を作成するという合意が得られた。

2011年度からは改修工事運営委員会を設置し、傘下に維持保全計画・保守点検仕

表21-4　最終講義「Bonding and Cross-Linking」スライド143/151

AIJ　材料施工委員会の対応

- 建築物の耐久計画に関する考え方(1998)
- 建築物の調査･劣化診断・修繕の考え方(案)・同解説(1993)
- 外壁改修工事の基本的考え方（湿式編）(1994)
- 鉄筋コンクリート造建築物の耐久性調査・診断および補修指針（案）・同解説(1997)
- 外壁改修工事の基本的考え方（乾式編）(2002)

表21-5　最終講義「Bonding and Cross-Linking」スライド144/151

AIJ　材料施工委員会の対応

- 建築物の改修の考え方(2002)
- 建築物･部材･材料の耐久設計手法・同解説(2003)
- 鉄筋コンクリート造建築物の耐久設計施工指針（案）・同解説(2004)
- 建築物の調査･診断指針（案）・同解説(2008)

様書作成小委員会、調査・診断仕様書作成小委員会、改修設計・改修工事仕様書作成小委員会を設置し、一連の標準仕様書等の作成を開始した。

表21-7に示すように、２回目の研究協議会「建築改修工事標準仕様書の作成に向けて」(2012年）を開催して、標準仕様書作成に関する意見交換を行った。主な意見を挙げると以下のようである。

①すでに「改修標仕」やＵＲ「保全工事共通仕様書」等が整備され利用されているので、それらと矛盾しないように、補修・改修に対する建築学会としての考え方を確立することが重要である。すなわち、建築物の劣化状態に対応して、補修・改修後の性能に対応して、どのように材料・工法を選択するのかという考え方を明確にすべきである。

②標準仕様書に材料・工法を規定するということは、規制につながる側面があり、標準化されない材料・工法にとっては障害になる可能性がある。したがって、できるだけ性能ベースで材料・工法の選択の考え方を明確にすべきである。

③新築の建築工事標準仕様書JASSでは各分冊がそれぞれの分野の専門家により作成されているが、ＲＣ造建築物の調査・診断や補修・改修では躯体、内外装、防水等の異分野の専門家が協力・協調して検討する必要がある。

これらの意見を踏まえて、作業を継続し、**表21-8**に示すように、「一般共通事項」「点検標準仕様書」「調査・診断標準仕様書」「補修・改修設計規準」「補修・改修工事標準仕様書」から構成される建築保全標準の本文案を2016年に作成し、査読を終了した。

表21-6　制定の経緯１

「建築保全標準」制定の経緯　1

- 研究協議会「維持保全技術の現状と今後の課題」(2007)
  - 建築保全の標準化の促進、補修・改修工事に関する標準仕様書作成の必要性が確認された。
- 「改修工事標準仕様書検討小委員会」(2009-2010)
- 「改修工事運営委員会」(2011-)
  - 「維持保全計画･保守点検仕様書作成小委員会」
  - 「調査･診断仕様書作成小委員会」
  - 「改修設計･改修工事仕様書作成小委員会」

表21-7　制定の経緯2

「建築保全標準」制定の経緯　2

- 研究協議会「建築改修工事標準仕様書の制定に向けて」（2012）
  - 標準化（標準仕様書）が規制につながることへの配慮
  - 各分野（躯体、内外装、防水）の一体化等
  - 日本建築学会としての考え方
    - 建設時に計画された建築物またはその部分の性能水準または性能値、保全後の性能水準または性能値
    - 建築物の今後の利用計画
    - 建築物またはその部分の劣化の状態
    - 保全にかかる費用

表21-8　制定の経緯3

「建築保全標準」制定の経緯　3

- 「建築保全標準（鉄筋コンクリート造建築物）」の本文完成・査読修了（2016）
- 研究協議会「建築保全標準の作成に向けて」（2017）
  - 本文に対する意見の収集・討論
  - 各分野（躯体・内外装・防水）の用語および技術内容の記述レベル
  - 点検→調査・診断→補修・改修設計→補修・改修工事のつながり
  - 契約図書として・参考図書として。
  - 補修・改修工事後における性能回復の記述等
- 建築保全標準の本文に対するパブリックコメント募集

そして、３回目の研究協議会「建築保全標準の作成に向けて」(2017年)を開催し、本文案に対する討論を行った。主な意見を挙げると以下のようであった。

①本文のみでは、あまり具体的に書けていない部分があり、不明確である。

②標準仕様書は契約図書の一部となるものであり、記述が不十分ではないか。また、参考図書としても重要なので、解説は充実すべきである。

③点検→調査・診断→補修・改修設計→補修・改修工事→点検…という建築保全の一連の繋がりを明確に示すことが重要。

④補修・改修後の性能回復について記述すること。

等々の意見をいただいた。

その後、解説執筆を行い、**表21-9**に示すように、2018年に本文＋解説案を完成し、査読を受けた。その後、査読意見に対応する修正や最終調整を行い2020年２月に「建築保全標準・同解説－鉄筋コンクリート造建築物」を刊行した。

発刊された建築保全標準(JAMS:Japanese Architectural Maintenance Standard)は、**図21-2**に示すように、以下の３分冊にまとまっている。

図21-2　建築保全標準冊子

表21-9　制定の経緯4

「建築保全標準」制定の経緯　4

- 建築保全標準（本文+解説）完成・査読修了
- 査読意見への対応・調整
- 「建築保全標準 ― 鉄筋コンクリート造建築物　(JAMS – RC)」刊行(2021)
- Japanese Architectural Maintenance Standard (JAMS)
  - JAMS 1 – RC　一般共通事項
  - JAMS 2 – RC　点検標準仕様書
  - JAMS 3 – RC　調査・診断標準仕様書
  - JAMS 4 – RC　補修・改修設計規準
  - JAMS 5 – RC　補修・改修工事標準仕様書

①「建築保全標準・同解説 JAMS 1-RC 一般共通事項／JAMS 2-RC 点検標準仕様書」
②「建築保全標準・同解説 JAMS 3-RC 調査・診断標準仕様書」
③「建築保全標準・同解説 JAMS 4-RC 補修・改修設計規準／JAMS 5-RC 補修・改修工事標準仕様書」

表 21-10 に示すように、建築保全標準を所掌している改修工事運営委員会は現在も活動しており、傘下に「建築保全標準対象拡大検討小委員会」および「ＲＣ造建築物の建築保全標準改定準備小委員会」を設置して活動している。前者では建築保全標準を鉄骨造建築物および木造建築物に拡大するための検討を行っている。また、後者では建築保全標準（鉄筋コンクリート造建築物）の改定に向けた準備作業を行っている。

現在、新築工事を扱うJASSは絶版になったものを含め30分冊が刊行されている。建築保全標準はＲＣ造建築物を対象として３分冊が刊行された。今後、建築保全に対する重要性がますます高まると予測される。したがって、建築保全標準がますます拡大・充実することが期待される。

補修・改修工事は新築工事と比較して複雑である。補修・改修工事では補修・改修後に要求される性能を実現するために材料・工法を選択するだけでなく、既存建築物の仕様や劣化状態に適応できる材料・工法を選択する必要がある。補修･改修分野では、新しい材料･工法の開発が活発であり、未だ標準化されていない技術が多数存在する。また、補修・改修現場の技術的ニーズに対応する問題解決型の材料・工法が、材料製造業者や専門工事業者等の協力により活発に開発されている。

これらの技術を評価、整理して、補修・改修工事の設計につなげていくことは、Cross-Linkingの例ではないかと考える。

表21-10　「建築保全標準」の今後

「建築保全標準」の今後

- 改修工事運営委員会
  - 建築保全標準対象拡大検討小委員会
    - 鉄骨造WG
    - 木造WG
  - RC造建築物の建築保全標準改定準備小委員会
- 日本建築学会　建築工事標準仕様書　JASS　30分冊（絶版を含む）
- 日本建築学会　建築保全標準（RC造建築物）　JAMS　5分冊
- 建築保全標準の重要性は増大すると考えられ、今後の拡充が望まれる。

第22章

シリーズを終えるにあたって

本章が「Bonding and Cross-Linking」の最終回である。最終講義を詳しく解説した連載であったが、第1回目と第22回目を除外しても、20回分の内容となっている。無謀にも、これらを約100分間で講義しようとしたのである。わかりやすい最終講義である筈がない。御聴講いただいた方々に深くお詫びする次第である。

本連載は、第1章で述べたように、コロナ禍で外出がままならず、在宅時間が長くなったことが発端となって開始された。連載が終わる時点でも、世界はコロナの中にある。コロナが早期に終息してほしいと願うのみである。

最終講義の最後では、**表22-1**を示し、大学退職後の予定についての考えを述べた。大学退職時点での日本人男性の平均寿命を調べたら、およそ81歳であった。ちょうど、27年×3となることから、「天下三分の計」をまねて「人生三分の計」と考えることとした。最初の27年間は、誕生から大学院博士課程を修了するまでである。世に出るまでの成長・修行の期間、勉強期間と考えることができる。次の27年間が建築研

表22-1　最終講義「Bonding and Cross-Linking」スライド149/151

今後について

- 居場所
  - 建築会館5F （一社）建築研究振興協会　副会長
- やりたいこと
  - 楽しい原稿書き（Dr. Materialシリーズのような）
  - ゴルフ・読書・映画・旅行・釣り等（不明）
  - ストレス軽減のためには環境の急激な変化はよくない
- 寿命について
  - 2016年日本人男性の寿命　80.98年＝81年＝27年×3
  - 最初の27年　誕生から大学院修了まで
  - 次の27年　建研時代
  - 最後の27年のうち、9年が芝浦工大、あと9年×2

究所在籍期間と一致している。建築研究所での27年間は、恵まれた期間であった。そのことを本連載で解説したつもりである。

そして、最後の3分の1となる27年間がある。その27年間の3分の1である9年間を芝浦工業大学に勤務させていただいた。芝浦工業大学での9年間も有意義に過ごすことができたと思っている。正直に告白するが、筆者は授業での講義はあまり得意ではなかったと思う。授業以外の学外での講習会や講演会で話をするのは嫌いではない。(客観的ではないが) 得意だと思っている。それなのに、何故、授業中の講義が好きになれない、得意でないかというと、学生が単位を取るために我慢して受講しているのがよく分かるからである。もちろん、そんな状況であっても、学生の興味を引き出し、授業に集中させるのが、教育者としての責務である。理解はしているのだが、すべての学生を講義に引き込むのは殆ど不可能に近い。教え甲斐のある学生もいることはいるのだが。

しかし、学生に対して、偉そうに説教をする自信もない。何故なら、第3章で述べたように、筆者自身が大学の講義に集中していなかった、興味をもてなかったからである。興味を持って、本当の意味で勉強を始めたのは、研究室に配属されてからである。(単位を取得する程度には授業内容を理解しておくことが、前提条件である。)

卒業研究で研究室に配属された学生に対して、Face to Faceで指導することは楽しかった。ゼミを休む学生やなかなか実験を開始しない学生もいたが、多くの学生に対して、練習問題ではなく、実際的で有意義な卒業研究のテーマを与え、研究指導を行うことができたと思っている。**図22-1**に示すような飲み会も行っていた。9年間でおよそ100名の学生を本橋研究室から送り出した。最終講義では学生全員の名前を掲げたが、本書では割愛する。最近、大手ゼネコンに就職した研究室卒業生に委員会で会う機会があった。施工管理の経験を順調に積んで、建築施工管理技士の資格も取得していた。現場で忙しく活躍している。とても嬉しかった。教育した甲斐があり、先生冥利に尽きると思った。

表22-1に戻るが、大学退職時点からすでに4年が経過した。平均寿命から考えるとあと14年ということになる。あっという間の4年間であった。いまでも、時の経過が早く感じられる。大学退職後も、ドタバタした状態で時間を消費してきたようである。現在も建築会館の5階にある(一社)建築研究振興協会に常勤で勤務している。将来はいずれFade outしていくだろうが、もう少しこの状態を維持しようと思っている。先輩方も、筆者の年齢程度では、活発に活動している。

恩人であるK先生がおっしゃっていたが、きっぱり仕事をやめて新しい生活を始めるというのは健康のためによくないらしい。ストレス軽減のためには徐々に慣らしていく必要がある。筆者の場合、今までのつながりの中で活動していることが多い。熱中している趣味もない。地域社会にも未だ溶け込んでいない。公園のゲートボールにも小学校のグラウンドで毎朝行われているラジオ体操にも参加していない。少し、料理をしている程度である。(有機合成実験から比べると簡単である。)

ということで、今しばらく、現在のペースで自然体で活動を継続できたらと考えている。**表22-1**のやりたいことに、「楽しい原稿書き」を挙げたが、勉強したり考えているだけではストレスが溜まってよくな

図22-1　最終講義「Bonding and Cross-Linking」スライド151/151

い。蓄積したものを整理して放出することは、健康維持のために必要なことである。原稿書きは、そのために大切である。連載中にそれを確認できた。

チャールズ・チャップリンが「今までの最高傑作は何ですか？」と問われて「The next one（次の作品）」と答えたことは有名である。チャップリンと比較するのは畏れ多いが、最終講義をまとめると、この中に最高傑作があるかのように考えてしまう。そんなことはない。The next one があると考えたい。外壁複合改修工法の標準化、ドローン等による建物調査、外装仕上材の二酸化炭素透過速度測定等々、可能な範囲で、後輩の邪魔はせず、老害と言われないよう気をつけながら活動を続けていきたい。

今の心境を述べるなら、「お楽しみはこれからだ」という感じである。

読者のみなさん、長い間、お付き合いいただきましてありがとうございました。

著者略歴

本橋 健司（もとはし けんじ）

学歴・職歴

1972年　東京大学教養学部理科Ⅱ類入学
1981年　東京大学大学院農学系研究科博士課程修了
1981年　建設省建築研究所（現、国立研究開発法人建築研究所）研究員
1990－1991年　テキサス州立大学オースティン校 客員研究員

以後、建設省建築研究所 有機材料研究室長、耐久性研究室長、維持保全研究室長、独立行政法人建築研究所 材料研究グループ長・建築生産研究グループ長を経て

2009年　独立行政法人建築研究所（現、国立研究開発法人建築研究所）退職
2009年　芝浦工業大学工学部建築工学科 教授
2017年　芝浦工業大学建築学部建築学科　教授
2017年　（一社）日本建築ドローン協会　会長
2018年　芝浦工業大学退職　名誉教授
2018年　（一社）建築研究振興協会　副会長
2019年　（一社）建築研究振興協会　会長

現在に至る

学位・資格

博士（工学）・農学博士・技術士（建設部門）

受賞

1989年　全国建築仕上協会　技術奨励賞
1997年　スガウェザリング技術振興財団　科学技術賞
2001年　日本建築仕上学会賞（論文賞）
2002年　石膏ボード工業会　特別功労賞
2006年　独立行政法人建築研究所　研究業績表彰
2010年　日本建築学会賞（論文）
2013年　日本接着学会　功績賞
2013年　芝浦工業大学　宮地杭一記念賞